前端开发工程师系列

HTML5 应用开发与实战

主　编　肖　睿　于继武

副主编　李　杰　于琳琳　李　礼

中国水利水电出版社
www.waterpub.com.cn
·北京·

内 容 提 要

随着各类网络技术的飞速发展,各种前端开发技术更是百花齐放、百家争鸣,如何设计开发出更加优秀的网页、如何更能提高用户的体验已经成为前端开发工程师的追求目标。HTML5+CSS3 技术就是为了满足这样的目标而诞生的。

本套前端开发教材最大的特点就是以流行网站元素为项目实战。本书使用 HTML5 和 CSS3 进行网站设计开发,增加了游戏元素项目案例,并配以完善的学习资源和支持服务,包括视频教程、案例素材下载、学习交流社区、讨论组等终身学习内容,为学习者带来全方位的学习体验,更多技术支持请访问课工场 www.kgc.cn。

图书在版编目(CIP)数据

HTML5应用开发与实战 / 肖睿,于继武编著. -- 北京 : 中国水利水电出版社,2016.11(2017.6 重印)
(前端开发工程师系列)
ISBN 978-7-5170-4896-1

Ⅰ. ①H… Ⅱ. ①肖… ②于… Ⅲ. ①超文本标记语言－程序设计 Ⅳ. ①TP312.8

中国版本图书馆CIP数据核字(2016)第281494号

策划编辑:祝智敏　责任编辑:李 炎　加工编辑:封 裕　封面设计:梁 燕

书　　名	前端开发工程师系列 HTML5 应用开发与实战 HTML5 YINGYONG KAIFA YU SHIZHAN
作　　者	主编 肖 睿 于继武 副主编 李 杰 于琳琳 李 礼
出版发行	中国水利水电出版社 (北京市海淀区玉渊潭南路 1 号 D 座　100038) 网址:www.waterpub.com.cn E-mail:mchannel@263.net(万水) 　　　　sales@waterpub.com.cn 电话:(010)68367658(营销中心)、82562819(万水)
经　　售	全国各地新华书店和相关出版物销售网点
排　　版	北京万水电子信息有限公司
印　　刷	北京泽宇印刷有限公司
规　　格	184mm×260mm　16 开本　14.25 印张　348 千字
版　　次	2016 年 11 月第 1 版　2017 年 6 月第 3 次印刷
印　　数	6001—10000 册
定　　价	37.00 元

前端开发工程师系列

编委会

前　　言

随着互联网技术的飞速发展，"互联网+"时代已经悄然到来，这自然催生了互联网行业工种的细分，前端开发工程师这个职业应运而生，各行业、企业对前端设计开发人才的需求也日益增长。与传统网页开发设计人员相比，新"互联网+"时代对前端开发工程师提出了更高的要求，传统网页开发设计人员已无法胜任。在这样的大环境下，这套"前端开发工程师系列"教材应运而生，它旨在帮助读者快速成长为符合"互联网+"时代企业需求的优秀的前端开发工程师。

"前端开发工程师系列"教材是由课工场（kgc.cn）的教研团队研发的。课工场是北京大学下属企业北京课工场教育科技有限公司推出的互联网教育平台，专注于互联网企业各岗位人才的培养。平台汇聚了数百位来自知名培训机构、高校的顶级名师和互联网企业的行业专家，面向大学生以及需要"充电"的在职人员，针对与互联网相关的产品设计、开发、运维、推广和运营等岗位，提供在线的直播和录播课程，并通过遍及全国的几十家线下服务中心提供现场面授以及多种形式的教学服务，并同步研发出版最新的课程教材。参与本书编写的还有于继武、李杰、于琳琳、李礼等院校教师。

课工场为培养互联网前端设计开发人才，特别推出"前端开发工程师系列"教育产品，提供各种学习资源和支持，包括：

- 现场面授课程
- 在线直播课程
- 录播视频课程
- 案例素材下载
- 学习交流社区
- QQ 讨论组（技术，就业，生活）

以上所有资源请访问课工场 www.kgc.cn。

本套教材特点

（1）科学的训练模式

- 科学的课程体系。
- 创新的教学模式。
- 技能人脉，实现多方位就业。
- 随需而变，支持终身学习。

（2）真实的项目驱动

- 覆盖 80%的网站效果制作。
- 几十个实训项目，涵盖电商、金融、教育、旅游、游戏等行业。

（3）便捷的学习体验

- 每章提供二维码扫描，可以直接观看相关视频讲解和案例操作。

● 课工场开辟教材配套版块，提供素材下载、学习社区等丰富在线学习资源。

读者对象

（1）初学者：本套教材将帮助你快速进入互联网前端开发行业，从零开始逐步成长为专业的前端开发工程师。

（2）初级前端开发者：本套教材将带你进行全面、系统的互联网前端设计开发学习，帮助你梳理全面、科学的技能理论，提供实用的开发技巧和项目经验。

课工场出品（kgc.cn）

课程设计说明

课程目标

读者学完本书后，通过 HTML5 和 CSS3 技能能够独立制作各种类型的网页，开发各类网站特效及流行的 HTML5 网页游戏。

训练技能

- 能够制作各种复杂的网页特效。
- 能够制作炫酷的网页动画。
- 能够制作 HTML5 网页游戏。

课程设计思路

本课程分为 8 个章节、4 个阶段来设计学习，即 HTML5 新技能、CSS3 设计网页效果技能、多媒体技术及 canvas 绘图技能，具体安排如下：

- 第 1 章～第 2 章是对 HTML5 制作网页技能的学习，主要涉及 HTML5 的新特性、新标准，训练 HTML5 的网页制作能力。
- 第 3 章～第 5 章是使用 CSS3 美化网页，通过 CSS3 制作各种网页特效和动画效果，增强用户互动体验，制作更加精美的网页内容。
- 第 6 章是针对多媒体技术进行训练，在网页中融入多媒体技术，增强网页的体验性。
- 第 7 章～第 8 章是对 canvas 绘图技能进行学习，canvas 是 HTML5 新增的专门用来绘制图形的元素，canvas 的出现颠覆了之前在编写 HTML 时只能添加图片的概念，使用 canvas 能实现很多更加炫酷的效果。

章节导读

- 本章技能目标：学习本章所要达到的技能，可以作为检验学习效果的标准。
- 本章简介：学习本章内容的原因和对本章内容的概述。
- 内容讲解：对本章涉及的技能内容进行分析并展开讲解。
- 操作案例：对所学内容的实操训练。
- 本章总结：针对本章内容的概括和总结。
- 本章作业：针对本章内容的补充练习，用于加强对技能的理解和运用。

学习资源

- 学习交流社区（课工场）
- 案例素材下载
- 相关视频教程

更多内容详见课工场 www.kgc.cn。

关于引用作品版权说明

为了方便学校课堂教学，促进知识传播，使读者学习优秀作品，本书选用了一些知名网站的相关内容作为案例。为了尊重这些内容所有者的权利，特在此声明，凡书中涉及的版权、著作权、商标权等权益均属于原作品版权人、著作权人、商标权人。

为了维护原作品相关权益人的权益，现对本书选用的主要作品的出处给予说明（排名不分先后）。

序号	选用的网站作品	版权归属
1	聚美优品	聚美优品
2	京东商城	京东
3	当当网	当当
4	淘宝网	淘宝
5	人人网	人人
6	北大青鸟官网	北大青鸟
7	新东方官网	新东方
8	1号店商城	1号店
9	腾讯网	腾讯
10	4399小游戏网	四三九九网

由于篇幅有限，以上列表中可能并未全部列出本书所选用的作品。在此，衷心感谢所有原作品的相关版权权益人及所属公司对职业教育的大力支持！

2016年10月

目　　录

第 1 章

HTML5 结构

本章技能目标

- 了解 HTML5 的应用
- 了解 HTML5 及其发展
- 掌握 HTML5 的网页结构和新增元素
- 会用高级选择器美化网页

本章简介

从 2010 年起，HTML5 和 CSS3 就已经成为了互联网技术一直关注和讨论的话题，在 1999 年 HTML4 就已经停止开发了，直到 2008 年 1 月 22 日才公布了 HTML5 的第一份正式草案。2010 年，HTML5 开始用于解决实际问题。这时，各大浏览器厂商开始升级自己的产品以支持 HTML5 的新功能。尽管有时候浏览器对其支持得不是十分友好，但大部分现代浏览器已经基本支持了 HTML5。现在 HTML5 已经广泛应用于网站制作、游戏开发、移动应用开发等各种行业。

目前 HTML5 技术已经日趋成熟，支持 HTML5 的浏览器包括 Firefox（火狐浏览器）、IE 9 及其更高版本、Chrome（谷歌浏览器）、Safari、Opera 等；国内的傲游浏览器（Maxthon），以及基于 IE 或 Chromium（Chrome 的工程版或称实验版）所推出的 360 浏览器、搜狗浏览器、QQ 浏览器、猎豹浏览器等国产浏览器同样具备支持 HTML5 的功能。随着谷歌、Twitch、YouTube 等大型企业将视线投向 HTML5，更加确认了 HTML5 在互联网时代的发展前景。在不久的将来，HTML5 将会与我们的生活息息相关，HTML5 不仅在 PC 端，更是在移动端上有着广泛的应用和发展。

1　什么是 HTML5

HTML5 是用于取代 1999 年所制定的 HTML 4.01 和 XHTML 1.0 标准的 HTML 标准版本。HTML5 首先强化了 Web 网页的表现性能，其次追加了本地数据库等 Web 应用的功能。HTML5 实际指的是包括 HTML、CSS 和 JavaScript 在内的一套技术组合，它希望能够减少浏览器对于需要插件的丰富性网络应用服务（Rich Internet Application，RIA），如 Adobe Flash、Microsoft Silverlight，与 Oracle JavaFX 的需求，并且提供更多能有效增强网络应用的标准。

HTML5 具有如下特性：

● 跨平台

HTML5 可以运行在 PC 端、iOS 或 Android 移动设备端，和服务器以及设备无关，只要有一个支持 HTML5 的浏览器即可运行。

● 兼容性

如果读者以前做过 Web 前端开发，就会了解 Web 兼容性（尤其是 IE6）是一件多么让人崩溃的事，几乎要为每一个浏览器做兼容处理。但是 HTML5 趋于成熟，只要浏览器支持 HTML5 就能实现各种效果，开发人员不需要再写浏览器判断之类的代码。

● 各大浏览器厂商的支持

下面使用 WebStorm 工具创建两个文件，一个是 HTML4，另一个是 HTML5，如图 1.1 所示。

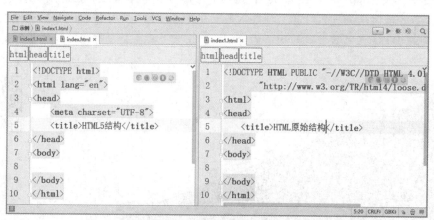

图 1.1　HTML4 和 HTML5 的对比

通过图 1.1 中的对比，可以看到 HTML5 的结构要简洁得多。其实其他的方面 HTML5 也有很多变化，这在后续的学习中会一一讲解到。

2　HTML5 新增元素

2.1　HTML5 结构元素

　　研究过 HTML 的人都知道，一个页面是由许多元素按一定的顺序组合实现的，但是在早先的 HTML 版本中并没有有实际意义的元素。一般是通过 div、table 等元素来确定布局和功能，并通过一些如 class、id 等选择器来表示其实际意义。这样对于页面结构的理解以及在搜索引擎优化上都有或多或少的缺陷，为了解决这些问题，HTML5 在 HTML4 的基础上进行了大量的修改，下面我们就学习一下 HTML5 新增的功能。

　　在具体学习之前先分析一下当当图书分类页面结构，如图 1.2 所示。

图 1.2　当当图书分类页面

　　由图 1.2 可以看出，该页面是由上中下三部分组成，其中中间部分由左中右的结构组成。如果用 HTML4 实现，需要使用如示例 1 所示的代码。

⊃ 示例 1

```
<!DOCTYPE html>
<html lang="en">
<head>
    <meta charset="UTF-8">
    <title>HTML5 页面结构</title>
</head>
<body>
<!--页面容器-->
    <div id="head">网页头部</div>
    <div id="container">
        <div>左边栏</div>
        <div>中间主题部分</div>
        <div>右边栏</div>
    </div>
    <div id="footer">网页底部</div>
</body>
</html>
```

　　上述代码没有任何错误，在任何浏览器和环境中都能正确运行，并且能得到想要的结果，而且绝大部分的开发人员也是这样设计的。但是对于浏览器来讲，所知道的只有一系列的 div，具体做什么，在哪里显示，都是通过 ID 来获取的。如果开发者不同，ID 的命名也不同，这就会导致 HTML 代码的可读性很不好。

　　使用 HTML5 新增的结构元素可以很好地定位标记，明确某标记在页面中的位置和作用，如示例 2 所示。

⊃ 示例 2

```
<!DOCTYPE html>
<html lang="en">
    <head>
        <meta charset="UTF-8">
        <title>HTML 新增元素</title>
    </head>
    <body>
        <!--页面容器-->
        <header>网页头部</header>
        <article>
            <aside>左边栏</aside>
            <section>中间主体部分</section>
            <aside>右边栏</aside>
        </article>
        <footer>网页底部</footer>
    </body>
</html>
```

　　通过示例 1 和示例 2 代码可以看到，两个示例代码虽然不一样，但是在浏览器里显示的效果是一样的，可以看出使用 HTML5 新增元素创建的页面代码更加简洁和高效，而且更容易被搜索引擎搜索到。

　　一个普通的页面，会有头部、导航、文章内容，还有附着的左右边栏，以及底部等模块，可通过 id 或 class 进行区分，并通过不同的 CSS 样式来处理。但相对于 HTML 来说，id 和 class 不是通用的标准的规范，搜索引擎只能去猜测某部分的功能。

　　HTML5 新定义了一组语义化的元素，虽然这些元素可以用传统的 HTML 元素（如：div、p、span 等）来代替，但是它们可以简化 HTML 页面的设计，无需再大量使用 id 或 class 选择器，而且在搜索引擎搜索的时候也会用到这些元素，在目前的主流的浏览器中已经可以使用这些元素了。新增加的结构元素如表 1.1 所示。

表 1.1　HTML5 新增加的结构元素

元素	说明
header	页面或页面中某一区域的页眉，通常是一些引导和导航信息
nav	代表页面的一部分，可以作为页面导航的链接组
section	页面中的一个内容区块，通常由内容及其标题组成
article	代表一个独立的、完整的相关内容块，可独立于页面其他内容使用
aside	非正文的内容与页面的主要内容是分开的，被删除而不会影响到网页的内容
footer	页面或页面某一区块的脚注

注意　　HTML5 的设计是以效率优先为原则，要求样式和内容分离，因此在 HTML5 的实际开发中，必须使用 CSS 来定义样式。

　　下面就一一介绍 HTML5 新增的结构元素。如图 1.3 所示，该网站是典型的 HTML5 结构的网站。该网站的网址是：http://html5games.com/。

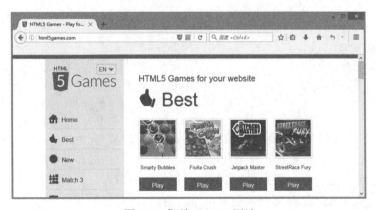

图 1.3　典型 HTML5 网站

下面根据这个网站分别讲解一下主要的几个结构元素。

1．header 元素

在 HTML5 之前习惯使用 div 元素布局网页，HTML5 在 div 元素基础上新增 header 元素，也叫<header>头部元素。以前开发人员在设计 HTML 布局时常常把网页大致分为头部、内容、底部，使用<div>里加 id 进行布局。头部一般使用<div id="header"></div>或<div class="header"></div>进行布局。

在此基础上 HTML5 进行了修改，并没有减少元素，而是新增了元素。在大家公认的 HTML 布局中以 header 为常用命名，所以在 HTML5 中新增了 header 元素。除了直接使用 header 元素外，也可以对 header 设置 class 或 id 属性。

```
<header>
        <h1>网站标题</h1>
        <h1>网站副标题</h1>
</header>
```

因为 header 元素是 HTML5 新增元素，所以旧版本浏览器均不支持，需要 IE9+、最新 Chrome 等浏览器支持。

图 1.4 展示了 header 中添加的内容以及显示的位置。

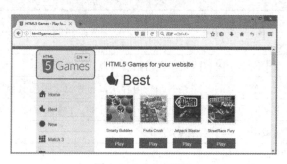

图 1.4　header 效果

2. nav 元素

nav 元素代表页面的一部分，是一个可以作为页面导航的链接组。其中的导航元素链接到其他页面或者当前页面的其他部分，使 HTML 代码在语义化方面更加精确，同时对于屏幕阅读器等设备的支持也更好。

```
<nav>
    <ul>
            <li>博客首页</li>
            <li>心情日志</li>
            <li>我的邮箱</li>
    </ul>
</nav>
```

nav 元素是与导航相关的，所以一般用于网站导航布局，完全就像使用 div 元素、span 元素一样来使用。而 nav 元素与 div 元素又有不同之处，此元素一般只用于导航相关地方，所以在一个 HTML 网页布局中 nav 元素可能就使用在导航条处，或与导航条相关的地方，它通常与 ul、li 元素配合使用。图 1.5 显示了 nav 元素在页面中的应用效果。

图 1.5　nav 效果

3. section 元素

section 元素不只是一个普通的容器元素，主要用于表示一段专题性的内容，通常用于带有标题和内容的区域，如文章的章节、元素对话框中的元素页，或者论文中有编号的部分。

一般来说，当一个元素只是为了样式化或者方便脚本使用时，应该使用 div 元素，当元素内容明确地出现在文档大纲中时，应该使用 section 元素。

```
<section>
    <h1>中华人民共和国</h1>
    <p>中华人民共和国建立于 1949 年……</p>
</section>
```

图 1.6 演示了 section 元素在页面中的应用效果。

图 1.6　section 效果

4．article 元素

article 元素是一个特殊的 section 元素，它比 section 元素具有更明确的语义。它代表一个独立的、完整的相关内容块。通常 article 元素会有标题部分（包含在 header 内），有时也会包含 footer 元素。虽然 section 元素也是带有主题性的一块内容，但是无论从结构上还是内容上来说，其独立性和完整性都没有 article 强。

```
<article>
    <h1>Internet Explorer 9</h1>
    <p>Windows Internet Explorer 9（简称 IE9）于 2011 年 3 月 14 日发布……</p>
</article>
```

5．aside 元素

aside 元素在网站制作中主要有以下两种使用方法：

（1）被包含在 article 元素中作为主要内容的附属信息部分，其中的内容可以是与当前文章有关的相关资料、名词解释等。

```
<article>
    <h1>…</h1>
    <p>…</p>
    <aside>…</aside>
</article>
```

（2）在 article 元素之外使用，作为页面或站点全局的附属信息部分。最典型的是侧边栏。

```
<aside>
    <h2>…</h2>
    <ul>
        <li>…</li>
```

```
            <li>…</li>
        </ul>
        <h2>…</h2>
        <ul>
            <li>…</li>
            <li>…</li>
        </ul>
    </aside>
```

6. footer 元素

footer 元素一般用于页面或区域的底部，通常包含文档的作者、版权信息、使用条款链接等。如图 1.7 所示，页面底部可以使用 footer 元素来布局。

```
<footer class="yanshi">
    脚注信息
</footer>
```

图 1.7　页面底部位置的 footer 元素

注意

HTML5 新增的结构元素都是块元素，独占一行，使用的时候要引起注意。

操作案例 1：HTML5 结构元素的应用

需求描述

利用 HTML5 的结构元素，完成图 1.8 所示的效果。

完成效果

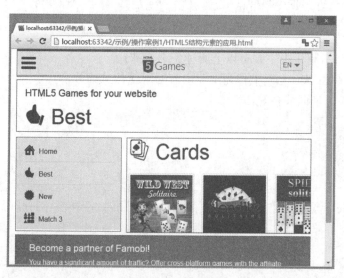

图 1.8　完成效果图

技能要点

header、nav、section、article、aside、footer 等元素的使用。

关键代码

```
<div id="container">
    <header><img src="header.bmp" alt=""/></header>
    <nav><img src="nav.bmp" alt=""/></nav>
    <section>
        <nav><img src="aside.bmp" alt=""/></nav>
        <article><img src="article.bmp" alt=""/></article>
    </section>
    <footer>
        <img src="footer.bmp" alt=""/>
    </footer>
</div>
```

2.2 HTML5 网页元素

上一节所讲的是 HTML5 结构元素，结构元素只用于设计网页的结构，编写框架。一个完整的网页不能只有框架，还必须有具体的网页内容，这里就需要网页元素对 HTML 的支持了，HTML5 新增加了如表 1.2 所示的网页元素。

表 1.2　网页元素

元素	说明
video	定义视频，如电影片段或其他视频流
audio	定义音频，如音乐或其他音频流
canvas	定义图形
datalist	定义可选数据的列表
time	元素定义日期或时间
mark	在视觉上向用户呈现哪些需要突出的文字
progress	运行中的进度（进程）

这几个元素主要完成 Web 页面具体内容的引用和表述，是丰富内容展示的基础。下面分别讲解一下这几个新增元素。

1. datalist 元素

datalist 元素用于为文本框提供一个可选数据的列表，用户可以直接选择列表中预先添加的某一项，从而免去输入的麻烦。如果用户不需要选择或者选项里不存在用户需要的内容，也可以自行输入其他内容。在实际应用中，如果把 datalist 提供的列表绑定到某文本框，则需要使用文本框的 list 属性来引用 datalist 元素的 id 属性。

datalist 元素是由一个或多个 option 元素组成的，而且每一个 option 元素都必须设置 value 属性。

⊃示例 3

```
<html lang="en">
    <head>
            <meta charset="UTF-8">
            <title>datalist 元素的用法</title>
    </head>
    <body>
            <input type="text" list="list1"/>
            <datalist id="list1">
                    <option value="苹果">苹果</option>
                    <option value="香蕉">香蕉</option>
                    <option value="菠萝">菠萝</option>
            </datalist>
    </body>
</html>
```

页面效果如图 1.9 所示。

图 1.9   datalist 页面效果

2. time 元素

在网页中使用 time 元素和不使用 time 元素效果没有什么区别，但是使用 time 元素容易被搜索引擎搜索到。

```
<p>我们在每天早上  <time>9:00</time> 开始营业。</p>
<p>我在  <time datetime="2008-02-14">情人节</time> 有个约会。</p>
```

3. mark 元素

当把一行文字包含在 mark 元素之内时，页面上显示当前文字有背景，用于重点突出。

```
<mark>天气渐渐变暖了</mark>
```

4. progress 元素

progress 元素在页面上显示为一个进度条。value 属性表示当前已完成的进度，max 属性表示总进度。

```
<progress value="20" max="100"></progress>
```

其他的几个元素如 video、audio、canvas 功能比较多，操作起来比较复杂。这几个元素将在后面的章节详细讲述，在此不做赘述。

操作案例 2：HTML5 网页元素的应用

需求描述

利用 HTML5 新增加的网页元素，完成图 1.10 所示的效果。

完成效果

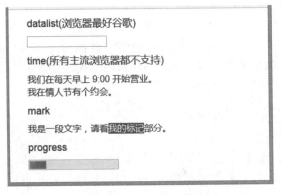

图 1.10　完成效果图

技能要点

HTML5 新增的网页元素的使用。

素材准备

登录课工场 http://www.kgc.cn/，下载素材。

2.3　HTML5 废除的元素

HTML5 增加元素的同时还废除了一些元素。由于浏览器支持不好以及被代替等一些原因，这些被废除的元素平时基本上用得很少。

废除的元素主要有：

- 能用 CSS 替代的元素：big、center、font、strike 等。
- frame 框架。
- 只有部分浏览器支持的元素：applet、blink、marquee 等。
- 其他被废除的元素：rb、dir、isindex、listing 等。

2.4　HTML5 全局属性

HTML5 新增了全局属性的概念，所谓全局属性是指可以对任何元素都使用的属性。新增的全局属性见表 1.3。

表 1.3　新增的全局属性

属性	说明
contentEditable	规定是否允许用户编辑内容
designMode	规定整个页面是否可编辑
hidden	规定对元素进行隐藏
spellcheck	规定是否必须对元素进行拼写或语法检查
tabindex	规定元素的 Tab 键移动顺序

下面依次对这几个属性进行讲解。

1. contentEditable

contentEditable 属性的主要功能是允许用户在线编辑元素中的内容。contentEditable 属性可以设定两个值：true 和 false。当设置值为 true 的时候，页面元素允许被编辑，如果为 false，页面元素不能被编辑，如果未指定 true 或者 false，该元素的编辑状态由父元素来决定。下面的代码段中 ul 元素在页面上是可以被编辑的。

```
<ul contentEditable="true">
    <li>列表一</li>
    <li>列表二</li>
</ul>
```

在编辑完元素内容后，如果想要保存这些内容，只能把该元素的 innerHTML 发送到服务器端进行保存，因为改变元素内容后该元素的 innerHTML 内容也会随之改变。

2. designMode

designMode 属性用来指定整个页面是否可编辑，当页面可编辑的时候，页面中任何支持 contentEditable 属性的元素都变成了可编辑状态。designMode 属性只能在 JavaScript 脚本里被修改，该属性有两个值：on 和 off。当值为 on 的时候页面可编辑，为 off 的时候页面不可编辑，使用 JavaScript 来指定属性的用法如下所示。

```
<script>
    document. designMode=on;
</script>
```

通常整个页面是不能被修改的，所以该属性使用的并不是十分广泛，此处不再示例。

3. hidden

在 HTML5 中所有的元素都允许使用一个 hidden 属性，该属性类似于 input 元素中的 hidden，功能是使该元素处于不可见状态，hidden 属性也是一个 bool 值，设为 false 元素可见，设为 true 元素不可见。

4. spellcheck

spellcheck 属性是 HTML5 中针对单行文本框和多行文本框的，它的功能是对用户输入的文本内容进行拼写和语法检查，该属性也是一个 bool 类型，设为 true 进行语法检查，否则不检查，但是如果元素的 readOnly 属性和 disabled 属性生效的话，spellcheck 属性失效。

5. tabindex

tabindex 是开发中的一个基本概念，当不断按 Tab 键让窗口或页面中的控件获取焦点，对窗口或页面中的所有控件进行遍历的时候，每一个控件的 tabindex 属性表示该控件是第几个被访问到的。

2.5 HTML5 废除的属性

对于 HTML5 废除了一些属性，读者可作为了解部分。
- table 部分属性：align、bgcolor、border、cellpadding 等。
- html 的 version 属性。
- a 元素或 link 元素的 charset 属性。
- br 的 clear 属性，img 的 align 属性。

3　CSS3 高级选择器

　　CSS 是网页设计师可用的最强大的工具之一。使用它开发人员可以在几分钟内改变一个网站的页面，而不用改变页面的元素。但绝大部分程序员使用的 CSS 选择器远未发挥它们的潜力，有的时候还趋向于使用过多的和无用的 class、id、div、span 等，把 HTML 写得很凌乱。避免写这些凌乱的属性和元素且保持代码简洁和语义化的最佳方式，就是使用更复杂的 CSS 选择器，它们可以定位于指定的元素而不用使用额外的 class 或 id，而且通过这种方式也可以让我们的代码和样式更加灵活。

　　下面先简单讲解几个 CSS3 的高级选择器，如表 1.4 所示。

表 1.4　CSS3 高级选择器

选择器	说明
:first-of-type	p:first-of-type：选择属于其父元素的首个 p 元素的每个 p 元素
:last-of-type	p:last-of-type：选择属于其父元素的最后 p 元素的每个 p 元素
:last-child	p:last-child：选择属于其父元素的最后一个子元素的每个 p 元素
:nth-child(n)	p:nth-child(n)：选择属于其父元素的第 n 个子元素的每个 p 元素
:before	p:before：在每个 p 元素的内容之前插入内容
:after	p:after：在每个 p 元素的内容之后插入内容

　　为了更好的演示效果，编写统一的结构代码如下：

⊃ 示例 4

```
<html lang="en">
    <head>
        <meta charset="UTF-8">
        <title>CSS 高级选择器应用</title>
        <style></style>
    </head>
    <body>
    <p>外部 p 元素</p>
    <header>
        <p>header 里面的第一个 p 元素</p>
        <p>header 里面的第二个 p 元素</p>
        <p>header 里面的第三个 p 元素</p>
    </header>
    <div>
        <p>div 里面的第一个 p 元素</p>
        <p>div 里面的第二个 p 元素</p>
        <p>div 里面的第三个 p 元素</p>
    </div>
    </body>
</html>
```

上述代码仅仅是本小节涉及的结构，其他结构读者可以自行添加。

1. :first-of-type

:first-of-type 表示获取某元素内部指定类型的第一个子元素。通常:first-of-type 需要其他的一些限制，如以下代码所示：

```
p: first-of-type{
    background-color: #cccccc;
}
```

运行效果如图 1.11 所示。

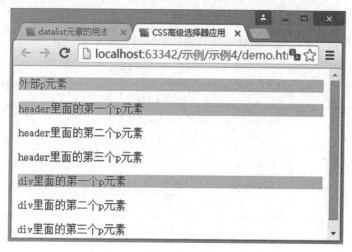

图 1.11   :first-of-type 无限制使用

通过示例 4 代码和图 1.11 可以看出，p:first-of-type 只是获取第一个子元素是 p 元素的元素，在该示例中能够获取 body 的 p 元素，也能获取 div 的第一个子元素 p，同时还能获取 header 中的第一个 p 元素。如果只想获取 header 中的第一个子元素可以将 CSS 代码改成如下代码：

```
header p:first-of-type {
        background-color: #cccccc;
        }
```

:last-of-type 的用法和:first-of-type 相同，只不过检索的是最后一个子元素。

 注意   在进行子元素查找的时候，要注意元素的包含关系，即子元素的子元素，如果其类型满足要求也能被检索到。

2. :first-child

:first-child 表示获取属于其父元素的第一个子元素，效果类似于:first-of-type。:last-child 的用法和:first-child 的用法相同，:last-child 表示获取最后一个元素。

```
p:first-child {
    background-color: #cccccc;
}
```

:first-child 和:first-of-type 的区别如下所示。

:first-child 选择器是 CSS2 中定义的选择器，就是指获取第一个子元素，如以下代码所示：

⊃ 示例 5

```
<html lang="en">
<head>
    <meta charset="UTF-8">
    <title>:first-child 和:first-of-type 的区别</title>
    <style>
        p:first-child, h1:first-child, span:first-child {
            background-color: yellow;
        }
        p:first-of-type, h1:first-of-type, span:first-of-type {
            font-style: italic;
        }
    </style>
</head>
<body>
<div>
    <p>div 里面的第一个元素</p>
    <h1>div 里面的第二个元素</h1>
    <span>div 里面的第三个 p 元素</span>
    <span>div 里面的第四个 p 元素</span>
</div>
</body>
</html>
```

通过示例 5 可以看出：

● p:first-child：匹配到的是 p 元素，因为 p 元素是 div 的第一个子元素。

● h1:first-child：匹配不到任何元素，因为在这里 h1 是 div 的第二个子元素，而不是第
    一个。

● span:first-child：匹配不到任何元素，因为在这里两个 span 元素都不是 div 的第一个
    子元素。

再使用 CSS3 中定义的:first-of-type 选择器，还是同样的代码。

● p:first-of-type：匹配到的是 p 元素，因为 p 是 div 的所有类型为 p 的子元素中的第一个。

● h1:first-of-type：匹配到的是 h1 元素，因为 h1 是 div 的所有类型为 h1 的子元素中的
    第一个。

● span:first-of-type：匹配到的是第三个子元素 span，这里 div 有两个为 span 的子元素，
    匹配到的是它们中的第一个。

示例 5 的运行效果如图 1.12 所示。

通过以上内容可以得出结论：:first-child 匹配的是某父元素的第一个子元素，可以说是结
构上的第一个子元素；:first-of-type 匹配的是某父元素下相同类型的子元素中的第一个，比如
p:first-of-type 就是指所有类型为 p 的子元素中的第一个。这里不再限制是第一个子元素了，只
要是该类型元素的第一个就行了。

图 1.12　样式区别显示效果

同样类型的选择器:last-child 和:last-of-type、:nth-child(n)和:nth-of-type(n)也可以这样去理解。

3.　:nth-child(n)

:nth-child(n) 选择器匹配属于其父元素的第 n 个子元素，不限制元素的类型。n 可以是数字、关键词或公式。可以通过:nth-child(n)对下面的代码片段操作：

```
<div>
    <p>div 里面的第一个 p 元素</p>
    <p>div 里面的第二个 p 元素</p>
    <p>div 里面的第三个 p 元素</p>
</div>
```

当 n 是数字时，获取 div 中的第 n 位置的元素（注意 n 从 1 开始）。

```
div p:nth-child(1) {
    background-color: #cccccc;
}
```

该代码段的作用是获取 div 中第一个 p 元素，给这个 p 元素设置背景色。n 除了是数字之外，还可以是表达式，如 an+b，此时 n 从零开始。如下代码表示给 div 中所有奇数位置处的 p 元素加背景色：

```
div p:nth-child(2n+1) {
    background-color: #cccccc;
}
```

另外还可以使用 odd 和 even 关键字，odd 和 even 是可用于匹配下标是奇数或偶数的子元素的关键词（第一个子元素的下标是 1）。下面的 CSS 代码分别为 div 中奇数 p 元素和偶数 p 元素的背景指定两种不同的背景色：

```
div p:nth-child(odd) {
    background-color: #cccccc;
}
div p:nth-child(even) {
    background-color:#46face;
}
```

4.　:before

:before 选择器在被选元素的内容前面通过使用 content 属性来插入内容。

```
div p:before {
    content: "新增内容";
}
```

1
Chapter

此段代码表示将 div 中所有的 p 元素的内容前面都添加文本"新增内容"，:after 和:before 的用法相同，只不过表示添加在内容之后。

示例 6 演示了:nth-child(n)和:before 的用法。

⊃示例 6

```html
<html lang="en">
<head>
    <meta charset="UTF-8">
    <title>CSS 高级选择器</title>
    <style>
        p:nth-child(1) {
            color: white;
        }
        p:nth-child(2n+1) {
            background-color: pink;
        }
        p:nth-child(odd) {
            font-size: 2em;
        }
        p:first-child:before {
            content: "新增内容";
        }
    </style>
</head>
<body>
    <p>div 里面的第一个 p 元素</p>
    <p>div 里面的第二个 p 元素</p>
    <p>div 里面的第三个 p 元素</p>
    <p>div 里面的第四个 p 元素</p>
</body>
</html>
```

示例 6 的效果如图 1.13 所示。

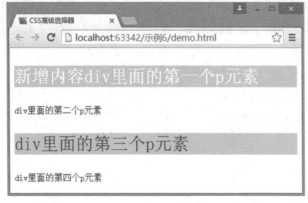

图 1.13　CSS 高级选择器

CSS 的高级选择器对浏览器的支持有一定要求，Internet Explorer 9.0 以下都不支持。Firefox、Safari 和 Opera 目前通用的版本都支持这些选择器。如果说网页的用户大部分用的还是 IE8 以下的版本，建议还是使用原始的 class 和 id 选择器。但不可否认，CSS3 的高级选择器越来越被浏览器支持，随着新版本的浏览器越来越普及，这些高级选择器在开发中所发挥的作用会越来越大。

操作案例 3：CSS3 高级选择器

需求描述

利用 CSS3 高级选择器，完善 QQ 会员页面的登录部分和底部导航部分。将"登录"按钮和"开通超级会员"按钮通过 CSS 编写成如图 1.14 所示的效果，当鼠标移到"登录"按钮上时"登录"按钮背景变成黄色，当鼠标移出时背景还原。

鼠标移入底部导航如"官方 QQ 账号""官方微信账号"等链接上时，背景发生变化，变成黄色，鼠标移出时，背景还原，如图 1.15 所示。

完成效果

图 1.14　QQ 会员登录

图 1.15　QQ 会员底部导航

技能要点

使用 HTML5 结构元素布局页面。

使用 CSS3 高级选择器美化页面。

- :first-of-type
- :last-of-type
- :last-child
- :nth-child(n)

关键代码

"登录"按钮和"开通超级会员"按钮的结构如下：

```
<div class="top-right">
        <a href="" >登录</a>
        <a href="" >开通超级会员</a>
    </div>
```

首先，将两个 a 元素变为圆角，同时还需要设置宽和高，因此需要将 a 元素设置为块元素，鼠标移出背景发生变化，部分代码如下：

```
.top-right a {
        display:inline-block;/*设置为行内块元素*/
        font-size:16px;
        text-align:center;
        margin-top:25px;
        border-radius:35px;/*设置为圆角*/
}
/*当鼠标移入时第一个 a 元素样式改变*/
.top-right a:first-of-type:hover {
        color:#986b0d;
        background:#fad65c;
}
```

其次，页面底部的导航背景是通过改变背景图片来实现的。

```
footer li span:first-of-type {
        width:100px;
        height:85px;
        /*获取大背景图片*/
        background:url(../img/sprites_footer.png) no-repeat;
}
footer li:nth-child(1) span:first-of-type {
        background-position:0 0;          /*根据大背景图片的位置显示小背景*/
}
footer li:nth-child(1) span:first-of-type:hover {
        background-position:-100px 0;     /*移动大背景图片的位置改变小背景*/
}
```

这里有几点要注意：

● a 元素本身是行内元素，不能设置宽和高，需要通过 display:inline-block 属性将其变为可放置在一行内的块元素。

● 在 CSS 中鼠标移入移出改变元素的样式，可以通过:hover 伪类来实现。

● 当改变元素背景图片的时候可以用多张图片来实现，但这样做会影响效率，通常的做法是用一张大图片，里面有很多小背景图片，通过定位大图片来改变元素的背景。

实现步骤

（1）打开素材网页，分析页面结构。

（2）通过 CSS3 高级选择器查找需要处理的元素，不要添加 class 和 id。

（3）按照需求编写 CSS 代码。

素材准备

登录课工场 http://www.kgc.cn/，下载素材。

本章总结

- HTML5 实现了兼容性和跨平台性，目前各大浏览器厂商都支持。
- HTML5 新增了用于语义化结构的结构元素：header、footer、section、article、aside 等。
- HTML5 新增加网页元素 video、audio、canvas、datalist、time、mark、progress 用于丰富和优化 HTML 页面。
- 可以通过 HTML5 的全局属性对 HTML 元素进行进一步处理。
- CSS3 的高级选择器能够进一步优化页面，减少 class 选择器和 id 选择器的使用，使表现和结构进一步分离。

本章作业

1. 根据你的理解，简述 HTML5 的优势和特点。
2. 请说一下 article 元素和 section 元素的区别。
3. 结合 HTML5 结构元素和 CSS3 实现以下功能。
- 使用 HTML5 的结构元素设计页面。
- 使用 CSS3 高级选择器处理页面效果。
- 博文的主体部分可编辑。
- 效果如图 1.16 所示。

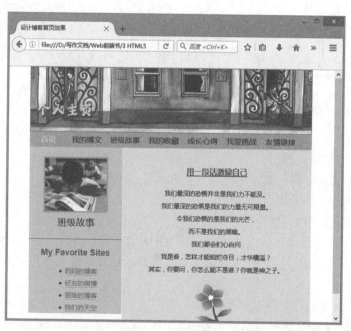

图 1.16 个人博客

4. 仔细分析作业 3，你认为作业 3 缺少什么，有什么需要修改的地方，该怎么实现？
5. 请登录课工场，按要求完成预习作业。

第 2 章

HTML5 表单

本章技能目标

- 掌握新增加的表单元素、属性
- 熟练使用 HTML5 进行表单验证
- 掌握 validityState 对象的使用

本章简介

在网页设计中表单元素的作用是非常重要的，用户所提交的数据如姓名、性别、年龄、职业、电话、邮箱等信息，以及论坛的留言板、用户的搜索信息等，都需要通过表单元素来获取。用户需要填写的数据是由输入标签如单行文本框、选择框等来实现的，而将数据提交给服务器则是通过点击按钮来实现的。如果以前经常使用表单，相信读者已经对这些表单基本功能的实现了如指掌。表单元素实现了动态网站与用户交互方面的诸多功能。

HTML5 中增加了表单方面的诸多功能，包括 input 类型、form 属性，input 属性以及验证等。使用这些新的元素，网页设计人员可以更加省时省力地设计出标准的 Web 页面。本章我们就系统地学习一下 HTML5 新增的表单元素。

1 HTML5 表单在网页中的应用

现在的动态网站使用得十分广泛。打开浏览器所见到的基本都是动态网站。如百度、京东、网易、雅虎、淘宝等都是动态网站。动态网站不仅能够向用户提供所需信息，而且还能把用户的需求提交给服务器用于满足用户不同的需要。

如图 2.1 所示，凡是用方框括起来的都是表单元素，数据的采集和提交都需要这些元素。读者对这些表单元素都不陌生。

图 2.1 京东会员登录页面

表单不仅用于收集信息和反馈意见，还广泛用于资料检索、讨论组、网上购物、信息调查、数据汇总等多种交互式操作。这种信息交互的方式，使得网页不再是一个单一的信息发布页面，而是根据客户提交的信息动态甚至实时地进行信息更新和信息展示。例如，网上购物系统、电子银行、铁路购票系统等，这些都是利用表单集合服务器、软件程序以及数据库技术来实现的。

表单在网络信息交流中起着非常重要的作用，归纳起来表单在网页的作用主要体现在以下 5 个方面。

- 功能性实现，如网上购物、网上订票等。
- 获取客户需求和反馈信息，如调查问卷。
- 创建留言簿和意见簿。
- 创建搜索网页，如百度、谷歌等。
- 提示浏览者登录相关网站。

在 HTML5 出现之前，HTML 表单仅支持很少的 input 类型，主要类型见表 2.1。

表 2.1 HTML5 之前的版本支持的 input 类型

类型	代码	说明
文本域	<input type="text"/>	用于输入单行文本，如用户名
单选按钮	<input type="radio"/>	用于在多项中选择一项，如性别
复选框	<input type="checkbox"/>	用于选择多项，如爱好

类型	代码	说明
下拉列表	\<select>\</select>	定义下拉列表，提供多个选择项，与 option 配合使用
密码框	\<input type="password"/>	用于输入密码，输入的内容以点号或星号等形式出现，浏览器不同则显示效果不同
提交按钮	\<input type="submit"/>	用于将表单的数据回发给服务器
普通按钮	\<input type="button"/>	一般通过 JavaScript 启动脚本
图像按钮	\<input type="image"/>	定义图像形式的提交按钮
隐藏域	\<input type="hidden"/>	定义隐藏的字段，和单行文本一样，只是不显示
重置按钮	\<input type="reset"/>	用户可以通过点击重置按钮以清除表单中的所有数据
文件域	\<input type="file"/>	用于文件上传

　　这些表单元素仅提供了最简单的录入功能，并没有验证用户输入的是否合法的功能。因此为了保证数据的完整性，需要开发人员编写大量的用户输入的验证功能。通常是通过 JavaScript 来实现，但这增加了许多代码，大大增加了开发人员的工作量。

2　HTML5 新增的 input 类型

2.1　新增的 input 类型

　　在 HTML5 中，增加了多个新的表单元素，通过使用这些新增的元素，可以实现更好的输入和验证功能，可以很简便地实现旧版本 HTML 中非常复杂的功能，减少不必要的 JavaScript 代码，提升开发效率。增加的 input 类型如表 2.2 所示。

表 2.2　HTML5 新增的数据类型

类型	说明
email	电子邮件地址文本框，提交表单时会自动验证 Email 值
url	网页的 URL，提交表单时会自动验证 URL 的值
number	只能录入数字
range	特定范围内的数字选择器，以滑块的形式呈现
search	用于搜索引擎的搜索框
Date pickers	拥有多个可供选取日期的新输入类型

　　下面通过一些示例来介绍这些新的输入类型。

2.1.1　email 类型的应用

　　在很多网站中，比如网易、CSDN 等，都是以电话号码或者电子邮箱作为用户账户，这样既能保证用户名的唯一性，也能给用户发邮件（短信）激活用户账户，这在实际的使用中是相当广泛的，如图 2.2 所示的网易用户中心登录界面。

图 2.2　网易用户中心登录界面

在网站中对 Email 的格式进行简便的验证是十分必要的。在以前使用 HTML 旧版本验证 Email 是否合法的方法如下：

```
//定义单行文本框以便用户输入 Email
<input type="text" id="email"/>
    //JavaScript 验证用户输入的合法性
    <script>
        function checkEmail() {
            //设置 Email 正则表达式
            var emailReg = /^[a-zA-Z0-9_.]+@[a-zA-Z0-9-]+[\.a-zA-Z]+$/;
            var reg = new RegExp(emailReg);
            //获取文本框的值
            var email=document.getElementById("email").value;
            if (!reg.test(email)) {                    //验证输入的 Email 的格式
                alert("电子邮件格式不正确");          //提示错误信息
            }
        }
    </script>
```

以前需要写大量的 JavaScript 代码来验证 Email 是否合法。如果使用 HTML5 的 email 元素则根本不需要写任何的代码。

email 类型的 input 元素是一种专门用于输入电子邮件地址的文本输入框，在页面呈现的样式和普通的单行文本框没有区别，只是在提交表单的时候会自动验证 Email 输入框的值。如果不是一个规范的 Email 地址，则会提示错误信息。这在旧版本的 HTML 中是难以想象的，HTML 旧版本必须使用 JavaScript 和正则表达式来验证，而在 HTML5 中使用 email 元素几乎可以不用写任何代码就能实现相同的功能，如示例 1 所示。

❍示例 1

```
<!DOCTYPE html>
<html lang="en">
<head>
```

```
        <meta charset="UTF-8">
        <title>新增 Email 元素</title>
    </head>
    <body>
    <form action="">
        <input type="email" name="email"/>
        <input type="submit" value="验证 email"/>
    </form>
    </body>
    </html>
```

示例 1 中 input 元素的类型是 email，直接运行页面，如果输入的 Email 格式不正确，点击"验证 Email"按钮时，页面效果如图 2.3 所示。

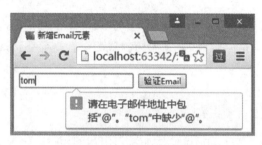

图 2.3　Email 合法性验证

通过示例 1 可以看到，使用 HTML5 让以前很复杂的工作，现在很简单就能实现。

2.1.2　url 类型的应用

用户通常通过 URL 地址访问网站，由于 URL 的格式同 Email 一样也比较严格，因此在实际应用中也需要使用 JavaScript 代码通过正则表达式进行验证。在 HTML5 中也增加了适合输入 URL 的标签。

url 类型的 input 元素用于输入 URL 地址这类特殊文本的文本域。当点击提交按钮时，如果用户输入的格式合法，网页将 URL 提交到服务器。如果不合法则显示错误信息并且不提交。

```
<input type="url" name="url"/>
```

下面通过示例 2 演示一下 url 类型的用法。

⊃示例 2

```
<!DOCTYPE html>
<html lang="en">
<head>
    <meta charset="UTF-8">
    <title>URL 文本域</title>
</head>
<body>
<form action="">
    <input type="url" name="url"/>
    <input type="submit" value="验证 email"/>
```

```
    </form>
    </body>
    </html>
```

示例 2 的运行结果如图 2.4 所示，如果输入错误的 URL 地址，提示错误信息。

图 2.4　URL 合法性验证

 　　　合法的 URL 网址应该是 http://www.dangdang.com，通常在浏览器中输入 dangdang.com 也能访问，是因为浏览器会自动补全协议类型。

2.1.3　number 类型的应用

在网站中经常用到输入数字的情况，比如输入用户的年龄、销售额、成本等信息，这些数字有些是整数，有些是小数，甚至有些是按照某些数值增幅，如果要满足这些要求，使用 JavaScript 代码验证，将是一个非常复杂的问题。HTML5 的 number 类型很好地解决了这一问题。

number 类型的 input 元素是用于输入数字的文本框，同时还可以设置限制的数字，包括符合要求的最大值、最小值、默认值和每次增加或减少的数字间隔。如果所输入的数字不在限定的范围之内，会出现提示。

number 类型具有几个特殊的属性来规定对数字的定义，见表 2.3。

表 2.3　number 类型的属性

属性	说明
value	规定的默认值
max	符合要求的最大值（包括最大值）
min	符合要求的最小值（包括最小值）
step	每次递增或递减的数值，可以是整数，也可以是小数

下面通过示例 3 演示一下 number 类型的用法。

⇒示例 3

```
<!DOCTYPE html>
<html lang="en">
<head>
    <meta charset="UTF-8">
    <title>数字文本域</title>
</head>
```

```
<body>
<form action="">
<!--所能填写的数字最小值为 1，最大值为 10，点击箭头每次增减 0.1-->
    <input type="number" step="0.1" value="5" max="10" min="1" name="num1"/>
    <input type="number" step="0.1" value="5" max="10" min="1" name="num2"/>
    <input type="submit" value="验证数字"/>
</form>
</body>
</html>
```

示例 3 演示的 number 标签中可填写的数字在 1 到 10 之间，默认为 5，点击向上或向下的箭头每次递增或递减 0.1，如图 2.5 所示。

图 2.5   number 类型验证

示例 3 中有两个 number 类型的文本框，第一个输入合法数据，第二个输入非法数据，所以第二个文本框提示错误，而第一个能够正常提交，而且 number 类型的文本框也只能输入数字，字母等其他字符是不能输入的。

2.1.4   range 类型的应用

range 类型表示页面上一段连续数字范围，表现为一个滑块方式，用户可以通过滑动滑块来选择所需要的数字，并且可以设置最大值、最小值、数字间隔等。range 类型也有几个属性，和 number 类型基本相同，见表 2.4。

表 2.4   range 类型的属性

属性	说明
value	规定的默认值
max	符合要求的最大值（包括最大值）
min	符合要求的最小值（包括最小值）
step	每次递增或递减的数值，可以是整数，也可以是小数

通过表 2.4 可以看出，range 和 number 类型的属性是完全相同的，只是页面的表现形式不一样，number 类型表现为一个输入文本框，而 range 类型表现为一个滑块。

range 类型的用法可通过示例 4 进行演示。

⊃示例 4

```
<!DOCTYPE html>
<html lang="en">
```

Chapter 2

```
<head>
    <meta charset="UTF-8">
    <title>range 文本域</title>
</head>
<body>
<form action="">
    <input type="range" step="0.01" value="5" max="10" min="1" name="r"/>
    <input type="submit" value="验证数字"/>
</form>
</body>
</html>
```

运行界面如图 2.6 所示。

图 2.6　range 运行界面

2.1.5　Date pickers 类型的应用

Date pickers 又被称为日期选择器，是网页中常用的日期控件，用于某些需要用户输入日期的情况，如生日、注册时间等。通常由用户使用控件选择时间而不是输入时间，能够增强用户体验同时也无需再做客户端验证。但是在 HTML5 之前的版本中并没有任何一款日期控件，一般是采用 JavaScript 的方式来实现日期选择功能，如图 2.7 所示，常见的日期控件有 jQuery UI、My97DatePicker 等，使用起来也比较麻烦。

图 2.7　日期控件

HTML5 提供了多个可用于选取日期和时间的输入类型，分别用于选择以下的日期格式：日期、月、周、时间等格式，如表 2.5 所示。

表 2.5　Date pickers 类型

类型	说明
date	选取年、月、日
month	选取年、月
week	选取年、周
time	选取时间
datetime	选取年、月、日、时间（UTC 时间）
datetime-local	选取年、月、日、时间（本地时间）

1. date 类型

date 类型用于选取年、月、日，即选择一个具体的日期，如 2016 年 1 月 29 日，选择之后以 2016-1-29 的方式呈现。

2. month 类型

month 类型用于选取年和月，如 2016 年 1 月，选择后以 2016-1 的方式呈现。

3. week 类型

week 类型用于选取年和周，如选取 2015 年 10 月 15 日（2015 年第 42 周），显示的结果是：2015 年第 42 周。

4. time 类型

time 类型用于选取具体的时间，如 20 时 25 分。

5. datetime 类型和 datetime-local 类型

datetime 类型用于选取年、月、日、时间，其中时间为 UTC 时间，datetime-local 类型为本地时间。

注意　　协调世界时（英：Coordinated Universal Time，法：Temps Universel Coordonné），又称世界统一时间、世界标准时间、国际协调时间。英文（CUT）和法文（TUC）的缩写不同，作为妥协，简称 UTC。中国、蒙古、新加坡、马来西亚、菲律宾、西澳大利亚州的时间与 UTC 的时差均为 +8，也就是 UTC+8。简单地说，当北京时间说上午 8 时的时候，UTC 时间是 0 时。

下面以示例 5 演示 datetime 类型的使用（由于篇幅所限，本示例仅列出主要代码）。

⊃示例 5

```
<!DOCTYPE html>
<html lang="en">
<head>
    <meta charset="UTF-8">
    <title>Date pickers 类型</title>
</head>
<body>
<form action="">
    <!--Date pickers (谷歌浏览器)-->
```

```
<fieldset>
    <legend>Date pickers 类型</legend>
    <!--date 类型的用法-->
    <p>
        Date：
        <input type="date" name="date"/>
        <input type="submit" value="提交"/>
    </p>
    <!--month 类型的用法-->
    <p>
        Month：
        <input type="month" name="month"/>
        <input type="submit" value="提交"/>
    </p>
    <!--week 类型的用法-->
    <p>
        Week：
        <input type="week" name="week"/>
        <input type="submit" value="提交"/>
    </p>
    <!--time 类型的用法-->
    <p>
        Time：
        <input type="time" name="time"/>
        <input type="submit" value="提交"/>
    </p>
    <!--datetime 类型的用法-->
    <p>
        DateTime：
        <input type="datetime" name="date-time"/>
        <input type="submit" value="提交"/>
    </p>
    <!--datetime-local 类型的用法-->
        DatetimeLocal：
        <input type="datetime-local" name="date-local"/>
        <input type="submit" value="提交"/>
    </fieldset>
</form>
</body>
</html>
```

示例 5 演示了表 2.5 所示的时间类型，运行效果如图 2.8 所示。

search 类型的输入框主要用于用户搜索，外观看起来和文本框没有区别，比如站点搜索或 Google 搜索。由于在搜索栏中用户可以输入任何想要搜索的内容，因此通常不需要进行验证，用法比较简单。

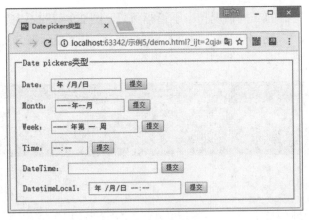

图 2.8 时间类型演示

另外还有一些其他的输入类型，如 color、tel 等，在此不做演示，读者可自己练习。

 本小节所有的案例都是在 Chrome 浏览器上运行的，其他浏览器对 HTML5 新增元素的支持以及显示效果不尽相同，下一节将详细阐述浏览器对 HTML5 的支持情况。

2.2 浏览器对 HTML5 的支持

上一节中讲解了 HTML5 新增加的常用 input 输入元素，如果读者进行练习的话，应该能够发现，不同的浏览器对 HTML5 的支持是不一样的，有的浏览器不支持某些元素，有的浏览器支持但是显示效果和其他的浏览器不同，下面通过表 2.6 对浏览器的支持情况进行说明。

表 2.6 浏览器对 HTML5 的支持

类型	IE9	Firefox	Opera	Chrome	Safari
email	NO	4.0	9.0	10.0	NO
url	NO	4.0	9.0	10.0	NO
number	NO	NO	9.0	7.0	NO
range	NO	NO	9.0	4.0	4.0
search	NO	4.0	11.0	10.0	NO
Date pickers	NO	NO	9.0	10.0	NO

表 2.6 中显示了五大流行浏览器各个版本对 HTML5 的支持，可以看出并不是所有的浏览器对所有的类型都支持，有些类型不被浏览器支持，此时在页面上显示的就是普通的文本框，不会有错误出现，所以用户可以放心使用。

当然，表 2.6 不能完全展示所有的支持情况，读者可以到http://www.caniuse.com/网站查看浏览器对 HTML5 和 CSS3 的支持情况，只要输入要查找的内容，就能显示哪些浏览器支持，哪些浏览器不支持，非常方便。

比如要查看 date 类型有哪些浏览器支持，可以在图 2.9 指定的位置处输入"date"，然后网页就能显示各个浏览器的支持情况（由于篇幅所限，图 2.9 截图不完整，读者打开网页时与图片显示有出入），红色表示不支持，绿色表示支持，浅绿色表示部分支持。读者可以对照这个网站获知哪些属性或元素被哪个浏览器支持。

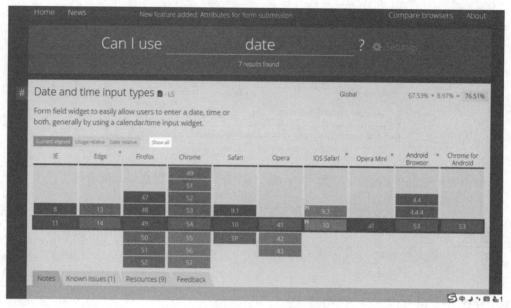

图 2.9　浏览器对 HTML5 的支持情况

操作案例 1：HTML5 新增的 input 类型的应用

需求描述

利用 HTML5 新增的 input 类型，完成图 2.10 所示的成绩录入页面。

- 将所有的元素放于 form 中。
- 姓名使用普通的 text 类型。
- 考试成绩必须是数字，输入值只能在 0 到 100 间，点击箭头每次只能增加 0.5。
- 考试时间使用本地时间。
- 邮箱和主页分别使用 email 和 url 类型。

完成效果

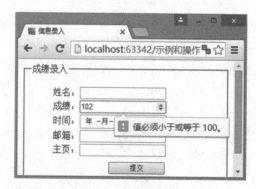

图 2.10　完成效果图

技能要点

number、url、email、datetime 等 input 类型的使用。

关键代码

```
<ul>
    <li><label for="name">姓名：</label><input type="text" id="name"/></li>
    <li>
        <label for="score">成绩：</label><input id="score" type="number" step="0.5" min="0"
        max="100"/>
    </li>
    <li><label for="time">时间：</label><input id="time" type="datetime-local"/></li>
    <li><label for="email">邮箱：</label><input type="email" id="email"/></li>
    <li><label for="home">主页：</label><input id="home" type="url"/></li>
    <li><input type="submit" value="提交"/></li>
</ul>
```

3　HTML5 新增的 input 属性

　　HTML5 不仅新增加了 input 类型，而且还新增了几个 input 属性，用于对 input 的输入进行限制和验证。本小节介绍几个常用的属性，如表 2.7 所示。

表 2.7　HTML5 新增的 input 属性

属性	说明
autofocus	页面加载时自动获得焦点
required	规定输入不能为空
placeholder	提供一种提示（hint），输入为空时显示，输入数据后消失
pattern	规定验证域的模式（正则表达式）
height、width	适用于 image 类型的 input 标签的图像高度和宽度

1．autofocus

　　在访问百度主页时，页面中的文字输入框会自动获得光标焦点，避免用户再点击输入框，方便用户输入数据，能够很好地增强用户体验。这个功能通常使用 JavaScript 实现。

　　HTML5 新增了 autofocus 属性，该属性可以使页面在加载时自动获取焦点。需要时将该属性写在 input 中，不需要不写即可。该属性几乎支持所有的 input 元素。实现代码如下：

```
<input autofocus type="text" name="name"/>
```

或者

```
<input autofocus="autofocus" type="text" name="name"/>
```

　　两种写法都可使页面在加载时自动获取焦点。同一个页面中只能有一个 input 元素获取焦点，书写的时候要注意。如果给多个 input 元素设置了 autofocus 属性，只有第一个能够获取焦点。

2．required

　　如果读者做了上一个操作练习，会发现如果输入框中不添加任何元素点击提交按钮一样能够提交，但如果输入错误信息，比如成绩大于 100，或者 Email 不符合要求则不能验证通过，说明新增的 input 类型对空值不进行验证。但是在实际开发中经常需要进行输入非空验证，通常使用 JavaScript 或 jQuery 的插件进行输入非空验证，编写起来比较复杂。HTML 为 input 元素添加了 required 属性。该属性规定输入框填写的内容不能为空，否则不允许用户提交表单。required 适用于需要用户输入的如文本域、单选按钮和复选按钮，不适合一般的按钮，见示例 6。

➲示例 6

```
<!DOCTYPE html>
<html lang="en">
<head>
    <meta charset="UTF-8">
    <title>required 的用法</title>
</head>
<body>
    <form action="">
        <input type="text" name="name" required/>
        <input type="submit" value="提交"/>
    </form>
</body>
</html>
```

当提交数据时显示界面如图 2.11 所示。

3. placeholder

对于 Web 设计人员来讲，最令人兴奋的其实就是 placeholder 属性了，该属性用于给用户一些提示信息告诉用户该输入框的作用。当输入框为空的时候，提示信息存在，当用户输入数据的时候，提示信息消失。

如图 2.12 所示，在登录文本域内提示用户输入"手机/邮箱/用户名"，在密码部分提示输入"密码"，当获取光标输入数据的时候，提示的内容自动消失，这在以前都是使用 JavaScript 代码实现的，其代码如示例 7 所示（由于篇幅所限，示例 7 仅列出文本域部分，并未列出密码部分的代码）。

图 2.11　required 验证效果

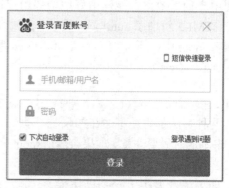

图 2.12　登录百度账号

⊃示例 7

```
<!DOCTYPE html>
<html lang="en">
<head>
    <meta charset="UTF-8">
    <title>required 的用法</title>
    <script>
        //当获取焦点时，如果文本域中的文字是"手机/邮箱/用户名"，则清空
        function name_Focus(){
            var msg = document.getElementById("name").value;
            if(msg=="手机/邮箱/用户名"){
                document.getElementById("name").value="";
                document.getElementById("name").style.color="black";
            }
        }
        //当失去焦点时，如果文本域为空，添加"手机/邮箱/用户名"
        function name_Blur(){
            var msg = document.getElementById("name").value;
            if(msg==""){
                document.getElementById("name").value="手机/邮箱/用户名";
                document.getElementById("name").style.color="#ccc";
            }
        }
    </script>
    <style>
        #name{
            color:#ccc;/*设置加载时文本域的样式*/
        }
    </style>
</head>
<body>
    <form action="">
        <input onfocus="name_Focus()" onblur="name_Blur()" type="text"
        value="手机/邮箱/用户名" id="name" name="name" />
        <input type="submit" value="提交"/>
    </form>
</body>
</html>
```

通过示例 7 所示代码可以看到，实现提示功能很麻烦，需要大量的 JavaScript 逻辑判断以及样式处理，但在 HTML5 中只需要一个 placeholder 属性就能实现：

```
<input type="text" name="name" placeholder="请输入姓名" />
```

界面效果如图 2.13 所示。

图 2.13　placeholder 提示

4. pattern

通常在用户输入数据的时候，有些需要有数据格式，比如 Email 或者 URL，对于这两个需求 HTML5 给出了对应的 input 元素，但是有些时候用户可能需要定义自己的数据格式，这时就不能仅仅依靠 HTML5 给出的控件。

pattern 属性用于验证输入框中用户输入的内容是否与自定义的正则表达式相匹配。该属性允许用户指定一个正则表达式，但用户输入的内容必须符合正则表达式所指定的规则。如需要输入手机号码，简单验证为输入 11 位数字，代码如下：

⊃示例 8

```
<!DOCTYPE html>
<html lang="en">
<head>
    <meta charset="UTF-8">
    <title>pattern 属性</title>
</head>
<body>
<form action="">
    <input type="tel" name="tel" placeholder="请输入 11 位数字"
            pattern="[0-9]{11}"/>
    <input type="submit" value="提交"/>
</form>
</body>
</html>
```

当输入的不是 11 位数字时，执行效果如图 2.14 所示。

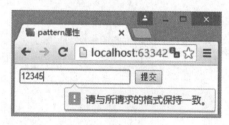

图 2.14　pattern 效果

5. height、width

height、width 只适合 image 类型的 input 元素的图像高度和宽度。

```
<input type="image" src="login.jpg" height="36px" width="80px"/>
```

还有其他一些属性，使用比较简单，读者可自己练习，在此不做赘述。

操作案例 2：HTML5 新增的 input 属性的应用

需求描述

利用 HTML5 新增加的 input 属性，完善 QQ 会员注册页面，如图 2.15 所示。

● 将所有的元素放于 form 中。

● 带*号的为必填项，如果用户未填写，增加提示。

● 昵称和密码按照要求输入，输入错误有提示。

● 昵称和密码在添加前要给出提示。

● 手机格式错误给出提示，手机号码要求以 13、14、15、18 开头，后面跟随 9 个数字。

● 邮箱和年龄需要相应的输入类型，年龄在 18 到 65 岁之间。

完成效果

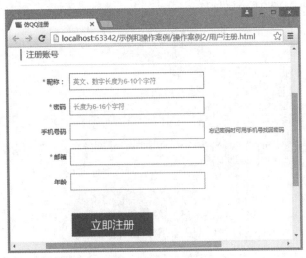

图 2.15　QQ 会员注册

技能要点

HTML5 新增属性的使用：required、placeholder、pattern。

素材准备

登录课工场 http://www.kgc.cn/，下载素材。

4　自定义错误提示信息

在上一节中，讲解了错误提示信息，但是，前面涉及到的错误提示信息都是 HTML5 定义好了的，有时候提示不明确，或不符合用户的要求，因此本节探讨一下如何自定义错误提示信息。

4.1　validity 属性

HTML5 中新增加了一个 validity 属性，该属性能够在 input 元素和 form 元素中使用，获取表单元素的 validityState 对象的信息。validityState 对象有 8 个属性，分别对应 8 个方向的验证，这几个属性都是 bool 类型，能提供给开发人员很丰富的验证信息。首先假设一个文本域 id="uName"，通过以下的代码可以获取该元素的 validityState 对象信息。

```
var validityState=document.getElementById("uName").validity;
```

在 HTML5 中也可以使用 document.querySelector()方法获取元素信息，参数和 jQuery 的选择器相同。

```
var validityState=document. querySelector("#uName").validity;
```

⊃示例 9

```
<!DOCTYPE html>
<html lang="en">
<head>
    <meta charset="UTF-8">
    <title>输出 validityState 日志</title>
</head>
<body>
<form>
    <input type="text" id="uName"/>
</form>
<script>
    //获取 input 元素的 validityState 对象
    var validityState = document.querySelector("#uName").validity;
    console.log(validityState);//以日志的方式输出到浏览器
</script>
</body>
</html>
```

代码段运行结果如图 2.16 所示（可以按 F12 键来调取日志）。

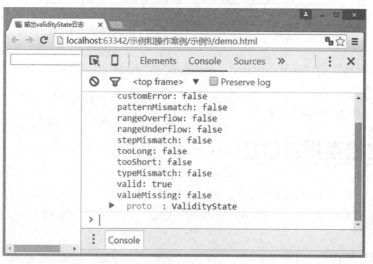

图 2.16　validityState 对象的属性

1. valueMissing 属性

valueMissing 属性验证必填的 input 元素的值是否为空。如果 input 元素设置了 required 属性，且没输入值，就无法通过 input 验证，valueMissing 值返回 true，如果不为空返回 false。

2. typeMismatch 属性

typeMismatch 属性验证输入值与 type 类型是否匹配。对于 HTML5 新增的 input 类型如 email、number、url 等，如果用户输入的内容与 input 指定 type 类型不匹配，typeMismatch 属性将返回 true，如果匹配则返回 false。

3. patternMismatch 属性

patternMismatch 属性验证输入值与 pattern 属性的正则表达式是否匹配。如果输入的内容与 pattern 验证的规则不符合，patternMismatch 属性将返回 true，符合则返回 false。

4. tooLong 属性

tooLong 属性验证输入的内容是否超过了 input 元素的 maxLength 属性限定的字符长度。如果输入的内容超过了最大长度限制，则 tooLong 属性返回 true，否则返回 false。

5. rangeUnderflow 属性

rangeUnderflow 属性验证输入的值是否小于 min 属性限定的值。如果输入的数值小于最小值，则 rangeUnderflow 属性返回 true，否则返回 false。

6. rangeOverflow 属性

rangeOverflow 属性验证输入的值是否大于 max 属性限定的值。如果输入的数值大于最大值，则 rangeOverflow 属性返回 true，否则返回 false。

7. stepMismatch 属性

stepMismatch 属性验证输入的值是否符合 step 属性的规则。如果输入值不符合要求，则 stepMismatch 属性返回 true，否则返回 false。

8. customError 属性

使用自定义验证的方式提示错误提示信息（详细内容见示例 10）。

总之，以上的 8 个属性，只要是验证失败则返回 true，验证通过则返回 false，这里要引起注意。

下面通过示例 10 演示一下如何进行自定义验证。

⇒示例 10

```
<!DOCTYPE html>
<html lang="en">
<head>
    <meta charset="UTF-8">
    <title>自定义验证</title>
</head>
<body>
<form>
    <input type="text" required id="uName"/>
    <input type="submit" value="提交"/>
</form>
<script>
    //获取元素
    var uname = document.querySelector("#uName");
```

```
        //获取 validityState 对象
        var validityState = uname.validity;
        //验证输入是否为空，输入为空返回 true
        if (validityState.valueMissing) {
            uname.setCustomValidity('用户名不为空');//自定义验证语句
        }
    </script>
</body>
</html>
```

通常使用 setCustomValidity()方法自定义错误提示信息：setCustomValidity(message)会把错误提示信息自定义为 message，此时 customError 属性值为 true；setCustomValidity("")会清除自定义的错误信息，此时 customError 属性值为 false。运行示例 10，执行效果如图 2.17 所示。

图 2.17   自定义验证

运行示例 10 会发现，无论输入框中是否有数据总显示用户名不为空，也就是说判断永远不成立。这是因为如果页面控件的状态发生改变，需要一个事件对状态进行"侦听"。示例 10 没有事件，不能判断输入状态是否改变，因此无论输入与否，都会显示用户名不为空。

要想解决这一问题需要用到一个 invalid 事件和一个 input 事件。
- input：当元素获得用户输入时运行脚本。
- invalid：当元素无效时运行脚本。

代码见示例 11。

⭕示例 11

```
<!DOCTYPE html>
<html lang="en">
<head>
    <meta charset="UTF-8">
    <title>自定义验证</title>
</head>
<body>
<form>
    <input type="text" required id="uName"/>
    <input type="submit" value="提交"/>
</form>
<script>
    //获取 form 标签
    var form = document.querySelector("form");
```

```
            //给 form 添加无效运行的事件
            form.addEventListener("invalid", function (e) {
                var ele = e.target;                    //获取当前无效的标签
                var validityState = ele.validity;      //获取 validityState 对象
                if (validityState.valueMissing) {      //判断是否正确
                    ele.setCustomValidity('用户名不为空');
                }
            }, true);
            // 输入时候取消验证
            form.addEventListener("input", function (e) {
                var ele = e.target;
                ele.setCustomValidity("");             //清除验证信息
            }, true);
        </script>
    </body>
</html>
```

示例 11 使用 addEventListener 方法给 form 添加了两个事件，使用 invalid 进行验证，当输入数据正确时使用 input 去掉提示。可使用 e.target 获取无效的标签，由于 form 中可以放置任意多个标签，因此可使用这个属性获取无效标签的信息，无需修改其他代码。

示例 11 中只对一个文本域做了验证，有时候一个 form 中有很多需要验证的元素，有的元素需要几次验证，如用户名不为空，且长度在 6 到 20 之间。其验证方式和示例 11 的验证方式一样，代码如下：

```
......
//省略部分代码
    form.addEventListener("invalid", function (e) {
        var ele = e.target;
        var vali = ele.validity;
        var name = ele.name;                   //获取元素 name 属性
        switch (name) {
            case 'nick':                       //根据 name 属性查找要验证的元素
                if (vali.valueMissing) {
                    ele.setCustomValidity("昵称不为空");
                } else {
                    if (vali.patternMismatch) { //正则表达式验证
                        ele.setCustomValidity("昵称为字母或数字，并且长度在 6～10 位之间")
                    }
                }
                break;
        }
    },true);
//其余代码省略
```

操作案例 3：自定义验证 QQ 会员注册页面

需求描述

对操作案例 2 的页面进行自定义验证。

完成效果

同操作案例 2，验证的提示信息由用户自己定义。

技能要点

- validity 属性的使用
- validityState 对象的用法
- invalid 事件的用法
- input 事件的用法

关键代码及实现步骤

（1）给 form 元素添加验证事件。

```
var form = document.querySelector("form");
form.addEventListener("invalid", function (e) {}，true);
```

（2）获取页面中验证出错的元素。

```
var ele = e.target;
var vali = ele.validity;
var name = ele.name;
```

（3）使用 switch 结构判断是哪种错误。

```
switch (name) {
        case 'nick':
                if (vali.valueMissing) {
                        ele.setCustomValidity("昵称不为空");
                } else {
                        if (vali.patternMismatch) {
                                ele.setCustomValidity("昵称为字母或数字，并且长度在 6~10 位之间")
                        }
                }
                break;
}
```

（4）使用 input 事件清除验证信息。

```
form.addEventListener("input",function(e){
        var ele= e.target;
        ele.setCustomValidity("");
},true)
```

下面通过操作案例 4 将本章的所有知识点综合练习一下。

操作案例 4：炎农商城支付中心

需求描述

依据图 2.18 实现炎农商城支付中心的信息录入界面。

- 带星号的项为必填项。
- 手机号码符合格式要求。
- 电子邮件符合格式要求。
- 邮政编码为 6 位数字。
- 件数在 1 到 99 之间。

- 添加自定义验证。
- 省、市、区县的验证可先不做练习。

完成效果

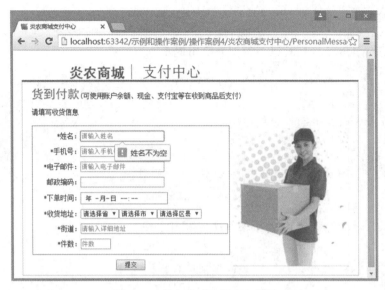

图 2.18　炎农商城支付中心效果

技能要点

- HTML5 新增元素 time、email、number 使用。
- placeholder 属性的用法。
- validity 属性的使用。
- validityState 对象的用法。
- invalid 事件的用法。
- 自定义验证的使用。
- input 事件的用法。

关键代码及实现步骤

（1）部分 HTML 代码。

```
<ul>
<li><label for="name">*姓名：</label><input id="name" name="name" type="text"
required placeholder="请输入姓名"/></li>
<li><label for="tel">*手机号：</label><input id="tel" name="tel" type="text" required
placeholder="请输入手机号码"  pattern="^1[34578][0-9]{9}$"/></li>
<li><label for="email">*电子邮件：</label><input id="email" name="email" type="email"
required placeholder="请输入电子邮件"/></li>
<li><label for="code">邮政编码：</label><input id="code" name="code" type="text"
pattern="\d{6}"/></li>
<li><label for="time">*下单时间：</label><input id="time" name="time"
 type="datetime-local" required/></li>
......
</ul>
```

（2）使用 JavaScript 对页面出错元素进行处理。

```
var form = document.querySelector("form");
form.addEventListener("invalid", function (e) {}, true);
var ele = e.target;
var vali = ele.validity;
var name = ele.name;
```

（3）使用 switch 结构判断错误类型并给出提示。

```
switch (name) {
  case 'number':
      if (vali.valueMissing) {
          ele.setCustomValidity("包裹件数不为空");
      } else {
          if (vali.rangeOverflow) {
              ele.setCustomValidity("包裹件数不能多于 99 件")
          }
          if (vali.rangeUnderflow) {
              ele.setCustomValidity("包裹件数不能少于 1 件")
          }
      }
      break;}
```

4.2 使用 CSS 设置验证样式

在上面的几个示例中讲解了验证的方式，但是并没有涉及到页面的美化效果。如果开发人员要自定义验证成功或失败时的演示效果就需要用到 CSS3 中新增加的两个伪类 ":valid" 和 ":invalid"，":valid" 表示验证成功时的样式，":invalid" 表示验证失败时的样式。下面的代码简单实现了验证成功时文本域边框为蓝色，验证失败时文本域边框为红色。

```
<style>
    input:valid {
        border: 1px solid blue;
    }
    input:invalid {
        border: 1px solid red;
    }
</style>
```

本章总结

- HTML5 新增的 input 类型：
  email：用于电子邮件地址文本框，提交表单时会自动验证 Email 值。
  url：用于网页的 URL，提交表单时会自动验证 URL 的值。
  number：只能用于录入数字。

range：用于特定范围内的数字选择器，以滑块的形式呈现。

search：用于搜索引擎的搜索框。

Date pickers：用于选取日期和时间。

- HTML5 新增的 input 属性：

autofocus：页面加载时自动获得焦点。

required：规定输入不能为空。

placeholder：提供一种提示（hint），输入为空时显示，输入数据后消失。

pattern：规定验证域的模式（正则表达式）。

height、width：适用于 image 类型的 input 标签的图像高度和宽度。

- 表单验证属性：valueMissing、patternMismatch、typeMismatch。
- CSS 验证伪类：:valid 表示验证成功时的样式，:invalid 表示验证失败的样式。

本章作业

1．请说出 HTML5 新增加了哪几个常用的 input 类型。

2．按照你的理解说一下 validity 属性的作用。

3．结合本章所学内容实现以下功能：

- 按图 2.19 制作网页，实现用户注册功能。
- 用户名长度在 6 到 15 位之间。
- 年龄在 0 到 100 之间。
- 电话号码是 11 位数字，并且以 13、15、18 开头。
- Email 格式要求正确。
- 网址要求格式正确。
- 所有都是必填项。

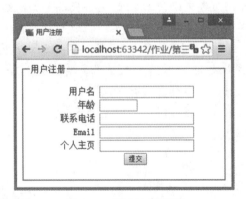

图 2.19　用户注册页面

4．请写出身份证号码（18 位数字）和座机号码（如：010-86547921、0316-6531854，其中区号可以省略）的正则表达式，可以自己查找网络资源。

5．请登录课工场，按要求完成预习作业。

第 3 章

CSS3 基础

本章技能目标

- 掌握 CSS3 设置边框圆角、文本效果和背景
- 理解并会使用 CSS3 自定义字体
- 会使用 CSS3 设置背景和网页元素的透明度

本章简介

    CSS（Cascading Style Sheet，可译为"层叠样式表"或"级联样式表"）是一组格式设置规则，用于控制 Web 页面的外观。通过使用 CSS 样式设置页面的格式，可将页面的内容与表现形式分离。页面内容存放在 HTML 文档中，而用于定义表现形式的 CSS 规则则存放在另一个文件中或 HTML 文档的某一部分，通常为文件头部分。将内容与表现形式分离，不仅可使维护站点的外观更加容易，而且还可以使 HTML 文档代码更加简练，缩短浏览器的加载时间。

    CSS3 使很多以前需要使用图片和脚本来实现的效果，只需要短短几行代码就能完成。CSS3 不仅能简化前端开发人员的设计过程，还能加快页面的载入速度。

    CSS 是以模块化的方式开发的，CSS3 加入了很多新的模块，如边框和背景，文本效果和字体，2D/3D 图形，过渡和动画，多列和用户界面等。

    目前很多浏览器都对 CSS3 支持，但也不是完全支持。用户可在http://caniuse.com/网站验证某些样式是否被支持（该网站在第 2 章已经介绍）。

1 CSS3 边框效果

元素的边框（border）是围绕元素内容和内边距的一条或多条线，每个边框有 3 个属性：宽度、样式以及颜色。在 HTML 中，我们使用表格来创建文本周围的边框，通过使用 CSS 边框属性，我们可以创建出效果出色的边框，并且可以应用于任何元素。CSS 的 border 属性允许规定元素边框的宽度、样式和颜色。在 CSS 中用如下代码定义边框。

```
border:1px solid black;
```

上述代码表示，元素的 4 个边框是宽 1px 的黑色实线。这就是 CSS 中定义边框的基本方法。在 CSS3 中除了上述方法之外，还增加了以下几个功能。

- border-radius：用于创建圆角。
- border-image：将图片设置为边框。
- box-shadow：用于给边框添加阴影。

1.1 border–radius

在讲解 border-radius 之前，先看一个网页的页面效果，如图 3.1 所示。

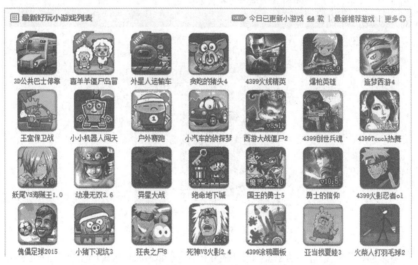

图 3.1 圆角效果

由图 3.1 能够看出，网页上所有的图片都是圆角效果。要实现这样的效果，在以前的版本中只能够由 UI 设计师给我们制作圆角的背景图。现在有了 CSS3 我们完全可以使用 border-radius 实现这种效果。

如示例 1 所示，在网页上添加一张普通图片。

⊃示例 1

```
<html lang="en">
    <head>
```

```
          <meta charset="UTF-8">
          <title>图片效果</title>
          <style></style>
     </head>
     <body>
          <img src="qq.jpg" alt=""/>
     </body>
</html>
```

运行效果如图 3.2 所示。

图 3.2　没有圆角效果

再在示例 1 中的 style 标签中间填写如下代码：

```
img { border-radius: 10px; }
```

运行效果如图 3.3 所示。

图 3.3　圆角效果

所谓的圆角效果指的是在元素的角上横向和纵向都取 10px 以垂线交点为圆心画圆。这个 1/4 圆弧就是看到的圆角，如图 3.4 所示。

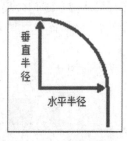

图 3.4　圆角示意图

如果把上面的代码修改一下：

img { border-radius: 50%; }

运行网站将得到如图 3.5 所示的结果。

图 3.5　圆形图片

此时圆心是图片的正中间，以图片宽（高）为半径画圆，就得到图 3.5 所示的效果，不过要求图片必须是正方形，否则得到的不是圆形，而是类似于 4*100 的环形跑道样式。

border-radius 可以同时设置 1 到 4 个值，这和以前学习的 CSS 的 padding 效果类似。如果设置 1 个值，表示 4 个圆角都使用这个值。如果设置两个值，表示左上角和右下角使用第一个值，右上角和左下角使用第二个值。如果设置三个值，表示左上角使用第一个值，右上角和左下角使用第二个值，右下角使用第三个值。如果设置四个值，则按照顺时针顺序依次对应左上角、右上角、右下角、左下角。下面通过示例 2 演示一下。

●示例 2

```
<!DOCTYPE html>
<html lang="en">
<head>
    <meta charset="UTF-8">
    <title>圆角样式</title>
    <style>
        #img1 {
            -webkit-border-radius: 50%;
            -moz-border-radius: 50%;
            border-radius: 50%;
        }
        #img2 {
            -webkit-border-radius: 10px 50px;
            -moz-border-radius: 10px 50px;
            border-radius: 10px 50px;
        }
        #img3 {
            -webkit-border-radius: 10px 50px 80px;
            -moz-border-radius: 10px 50px 80px;
            border-radius: 10px 50px 80px;
```

Chapter

3

```
        }
        #img4 {
            -webkit-border-radius: 10px 30px 50px 70px;
            -moz-border-radius: 10px 30px 50px 70px;
            border-radius: 10px 30px 50px 70px;
        }
    </style>
</head>
<body>
<img id="img1" src="../qq.jpg" alt=""/>
<img id="img2" src="../qq.jpg" alt=""/>
<img id="img3" src="../qq.jpg" alt=""/>
<img id="img4" src="../qq.jpg" alt=""/>
</body>
</html>
```

运行页面如图 3.6 所示。

图 3.6　border-radius 的几种情况

读者在使用的时候一定要注意 border-radius 的几个值分别表示的含义。另外，还可以把 border-radius 拆分写成单独对每个角进行设置。对应四个角，CSS3 提供四个单独的属性：

- border-top-left-radius：左上角。
- border-top-right-radius：右上角。
- border-bottom-right-radius：右下角。
- border-bottom-left-radius：左下角。

这四个属性都可以同时设置 1 到 2 个值。如果设置 1 个值，表示水平半径与垂直半径相等。如果设置 2 个值，第一个值表示水平半径，第二个值表示垂直半径。如：

border-top-left-radius:10px 20px;

上述代码表示左上角水平半径为 10px，垂直半径为 20px。

关于圆角问题，不同浏览器的兼容性是不一样的，圆角只支持以下版本的浏览器：Firefox 4.0+、Chrome 10.0+、Opera 10.5+、IE9+。

对于老版的浏览器，border-radius 需要根据不同的浏览器内核添加不同的前缀，比如 Mozilla 内核需要加上"-moz"，而 WebKit 内核需要加上"-webkit"等。

圆角不仅用于图片，还经常用于输入框等 HTML 表单元素。这种效果在网站上尤其是移动端网站上经常遇到，示例 3 演示了某网站圆角在表单元素上使用的情况。

⊃ 示例 3

```
<!DOCTYPE html>
<html lang="en">
<head>
    <meta charset="UTF-8">
    <title>网页圆角元素</title>
    <style>
        #container {
            background: url("bg.jpg") no-repeat;
            background-position: right;
            width: 600px;
            height: 360px;
            border: 10px solid #994D26;
            -moz-border-radius: 30px;
            -webkit-border-radius: 30px;
            border-radius: 30px;
            background-color: #DB7642;
        }
        header {
            padding-top: 20px;
        }
        span {
            color: white;
            font-family: 黑体;
            font-size: 30px;
            margin-left: 40px;
        }
        ul {
            list-style: none;
            margin-bottom: 0;
        }
        ul li {
            margin: 10px 0;
        }
        label, p button {
            border-radius: 10px;
            background: #954D27;
            display: inline-block;
            height: 18px;
            line-height: 18px;
            padding: 0 8px;
            font-size: 13px;
            color: white;
        }
```

```
        p {
            margin: 0;
            text-align: center;
        }
        p button {
            border: none;
        }
        ul li textarea {
            height: 130px;
        }
        ul li:last-of-type label {
            position: relative;
            top: -122px;
        }
        ul li input, ul li textarea {
            border: 1px solid #954D27;
            border-radius: 10px;
        }
    </style>
</head>
<body>
<div id="container">
    <form action="">
        <header><span>Formularz Kontatktoway</span></header>
        <section>
            <ul>
                <li><label for="name">昵称:</label><input type="text" id="name" required
placeholder="请输入昵称"/></li>
                <li><label for="email">邮件:</label><input type="email" id="email"
required placeholder="请输入电子邮件"/></li>
                <li><label for="content">介绍:</label><textarea name="content"
id="content" cols="30"    rows="10"></textarea>
                </li>
            </ul>
            <p>
                <button>提交</button>
            </p>
        </section>
    </form>
</div>
</body>
</html>
```

运行示例 3 中的代码，结果如图 3.7 所示。

图 3.7 网页元素圆角效果

上述示例 1 至示例 3 中的 Opera 浏览器总是支持圆角，无需添加前缀，IE9 以下不支持 border-radius，IE9 也没有私有前缀，直接用 border-radius，其写法和 Opera 是一样的。

border-radius 一定要放置在-moz-border-radius 和-webkit-border-radius 后面，本教材中所讲的实例都只写了标准语法格式，如果所用版本不是上面所提到的几个版本，如要正常显示效果，请更新浏览器版本，或者在 border-radius 前面加上相应的内核前缀，在实际应用中最好加上各种版本浏览器的内核前缀。

在处理兼容性问题的时候，对于过于低版本的浏览器（如 IE6），并不推荐花费大量时间处理这些兼容性问题，因为使用这些版本的用户比较少，花费大量时间处理很少用户的需求在一般情况下是很不划算的。

1.2 border–image

Web 开发人员以前在设计元素边框时只能设置边框宽度、颜色和样式（实线、虚线），如果要求边框样式多样，只能通过背景图片做模拟边框，CSS3 中增加了 border-image 属性，可以实现将图片设为边框，目前支持此样式的浏览器有限，仅 Firefox 3.5、Chrome、Safari 3+支持 border-image。

先看 border-image 的语法结构：

border-image:none | <image> [<number> | <percentage>]{1,4} [/ <border-width>{1,4}]? [stretch | repeat | round]{0,2}

现介绍一下 border-image 的参数：

（1）none：是 border-image 的默认值，如果取值为 none，表示边框无背景图片。

（2）<image>：设置 border-image 的背景图片，此处跟 background-image 一样，使用绝对或相对的 URL 地址，来指定背景图片。

（3）<number>：number 是一个数值，用来设置边框的宽度，其单位是 px，与 border-width 一样取值，可以使用 1 到 4 个值，其具体表示上、右、下、左四个方位的值。

（4）<percentage>：percentage 也是用来设置边框的宽度，跟 number 的不同之处是，其使用百分比值来设置边框宽度。

（5）stretch，repeat，round：它们是用来设置边框背景图片的铺放方式，类似于 background-position，其中 stretch 是拉伸，repeat 是重复，round 是平铺，stretch 为默认值。

⊃ 示例 4

```
<!DOCTYPE html>
<html lang="en">
<head>
    <meta http-equiv="Content-Type" content="text/html; charset=gb2312"/>
    <title>带图片的边框</title>
    <style>
        #container {
            width: 790px;
            margin: 0 auto;
            border: 10px solid #ccc;
            /*图片边框*/
            -moz-border-image: url(images/bg.jpg) 10 round;
            -webkit-border-image: url(images/bg.jpg) 10 round;
            -o-border-image: url(images/bg.jpg) 10 round;
            border-image: url(images/bg.jpg) 10 round;
        }
        header {
            width: 790px;
            height: 150px;
            background-image: url(images/head.jpg);
        }
/*省略部分 CSS 代码*/
    </style>
</head>
<body>
<div id="container">
    <header>    </header>
    <section>
        <nav>
            <ul>
                <li><a href="#"><span></span>首页</a></li>
                <li><a href="#"><span></span>新产品</a></li>
                <!--省略部分导航内容-->
            </ul>
        </nav>
    </section>
    <section>
        <article>
            <h2>微软公司 简介</h2>
```

```
        <p>
            微软，是一家总部位于美国的跨国科技公司，是世界 PC（Personal Computer，个人计
算机）机软件开发的先导，由比尔·盖茨与保罗·艾伦创办于 1975 年，公司总部设立在华盛顿州的雷德蒙德
（Redmond，邻近西雅图），以研发、制造、授权和提供广泛的电脑软件服务业务为主。
        <!--省略部分介绍内容-->
        </p>
    </article>
    </section>
    <footer>
        Copyright@ 2011 | Designed by us
        <a href="#/" target="_parent">联系我们</a>
    </footer>
</div>
</body>
</html>
```

示例 4 效果如图 3.8 所示，四面的边框是图片，中间是网页内容部分（本示例为了突出效果，图片边框宽度比较大）。

图 3.8　图片边框

1.3　box−shadow

在网页中，经常能见到阴影效果，也就是说元素后面有一片灰色地带看起来像阴影，以突出立体效果，如图 3.9 所示。

通过阴影，可以使边框看起来更加醒目，具有立体感。在以前如果要实现这种效果，有两种方法：一种是使用 Photoshop 制作很多零碎复杂的图片来实现；另外一种是做一个相同大小的元素，给这个元素加背景色，用相对定位来实现。

图 3.9　阴影效果

在 CSS3 中有一个非常简单的方法，就是用 box-shadow 属性来实现阴影效果，如示例 5 所示。

⊃示例5

```
<!DOCTYPE html>
<html lang="en">
<head>
    <meta charset="UTF-8">
    <title>阴影效果</title>
    <style>
        img {
            -moz-border-radius: 10px;                              /*Mozilla（Firefox 等浏览器）*/
            -webkit-border-radius: 10px;                           /*WebKit（Chrome 等浏览器）*/
            border-radius: 10px;
            filter: progid:DXImageTransform.Microsoft.Shadow(color='#999999',
            Direction=135, Strength=5);                            /*IE6,7,8*/
            -moz-box-shadow: 2px 2px 5px #999999;                  /*Mozilla（Firefox 等浏览器）*/
            -webkit-box-shadow: 2px 2px 5px #999999;               /*WebKit（Chrome 等浏览器）*/
            box-shadow: #999999 10px 15px 2px;
        }
    </style>
</head>
<body>
<img src="../qq.jpg" alt=""/>
</body>
</html>
```

IE9 以下版本不支持阴影效果，要实现 IE 的阴影效果需要使用针对 IE 的滤镜效果。

```
filter: progid:DXImageTransform.Microsoft.Shadow(color='#999999', Direction=135, Strength=5);
/*IE 滤镜效果*/
```

box-shadow 有 6 个参数（示例 5 只使用了 4 个常见的参数），参见表 3.1。

表 3.1　box-shadow 参数

类型	说明
h-shadow	必需，表示水平阴影的位置，允许负值
v-shadow	必需，表示垂直阴影的位置，允许负值
blur	可选，模糊距离
spread	可选，表示阴影的尺寸
color	可选，表示阴影的颜色，请参阅 CSS 颜色值
inset	可选，将外部阴影（outset）改为内部阴影

其中 h-shadow 是必需的，指水平阴影的位置，如果为负数，元素左侧有阴影，v-shadow 也是必需的，指垂直阴影，如果为负数，阴影在元素上面。示例 5 中的代码：

```
box-shadow: #999999 10px 15px 2px;
```

这行代码表示阴影颜色是#999999，阴影向右偏移 10px，向下偏移 15px，模糊程度是 2px，模糊程度的值越大，阴影越模糊。示例 5 所示效果如图 3.10 所示。

实际的开发过程中阴影偏移的值比较小，这样阴影显得不突兀。阴影代码可以按照如下写法：

```
box-shadow: rgba(30,30,30,0.4) 4px 4px 2px;
```

其中 rgba 函数用于设置阴影颜色和透明度，阴影水平和垂直偏移都是 4px，模糊程度是 2px，效果如图 3.11 所示。

图 3.10　阴影效果

图 3.11　改进后的阴影效果

操作案例 1：天涯社区首页

需求描述

- 利用 CSS3 的 box-shadow 属性和 border-radius 属性，完成图 3.12 所示的天涯社区效果。
- 使用 HTML5 制作页面结构。
- 文本域和密码框有信息提示，不能为空。
- "登录"按钮和"注册"按钮添加圆角和阴影。
- QQ 图标、微博图标和微信图标制成圆形图标。

完成效果

图 3.12　天涯社区首页

技能要点

- placeholder 的使用。
- 图片圆角、按钮圆角。
- 按钮阴影效果。

关键代码

```
#login button{
    font-size: 14px;
    line-height: 25px;
    margin-left: 10px;
    /*阴影效果*/
    -webkit-box-shadow: #aaa 1px 2px 2px;
    -moz-box-shadow: #aaa 1px 2px 2px;
    box-shadow: #aaa 1px 2px 2px;
}
<!--主页 body 中的结构代码-->
<div id="container">
    <header>
        <div><span>
来天涯，与 113010195 位天涯人共同演绎你的网络人生
</span><span>目前在线：998597</span></div>
        <div class="clearfix"></div>
        <form action="">
            <div id="login">
                <input type="text" name="name" placeholder="用户名/手机/邮箱" required/>
                <input type="password" name="pwd" placeholder="密码" required/>
                <button class="tianya_btn50,tianya_btn">登录</button>
                <button>注册</button>
                <span>
                其他登录方式
                <img src="images/QQ.jpg" alt=""/><img src="images/blog.jpg" alt=""/>
                <img src="images/weixin.jpg" alt=""/></span>
            </div>
        </form>
    </header>
    <section>
        <img src="images/psb.jpg" alt=""/>
    </section>
    <footer>
        <nav>
            <ul>
                <li><a href="#">关于天涯</a></li>
                <li><a href="#">广告服务</a></li>
                <li><a href="#">天涯客服</a></li>
                <li><a href="#">隐私版权</a></li>
                <li><a href="#">联系我们</a></li>
```

```
            <li><a href="#">加入天涯</a></li>
        </ul>
        <p>Copyright © 1999 - 2016 天涯社区</p>
    </nav>
  </footer>
</div>
```

实现步骤

（1）创建 HTML 页面。

（2）依据图 3.12 创建页面结构。

（3）设置基本样式。

（4）设置图片和按钮的圆角效果。

（5）设置圆形图标。

（6）设置阴影效果。

素材准备

登录课工场 http://www.kgc.cn/，下载素材。

2　CSS3 文本效果

2.1　text–shadow

text-shadow 和 box-shadow 的用法和属性参数基本相同，box-shadow 是给盒模型添加阴影效果，而 text-shadow 是给文字添加阴影。text-shadow 参数见表 3.2。

表 3.2　text-shadow 参数

类型	说明
h-shadow	必需，表示水平阴影的位置，允许负值
v-shadow	必需，表示垂直阴影的位置，允许负值
blur	可选，模糊距离
color	可选，表示阴影的颜色，请参阅 CSS 颜色值

⭕示例6

```
<!DOCTYPE html>
<html lang="en">
<head>
    <meta charset="UTF-8">
    <title>文字阴影</title>
    <style>
        div {
            font-size: 40px;
```

```
        color: #294f7b;
        font-weight: bold;
        -moz-text-shadow: 6px 4px 2px #777;        /*Firefox*/
        -webkit-text-shadow: 6px 4px 2px #777;     /*WebKit*/
        text-shadow: 6px 4px 2px #777;
      }
    </style>
</head>
<body>
    <div>text-shadow 阴影效果</div>
</body>
</html>
```

运行效果如图 3.13 所示。

图 3.13 文字阴影效果

通过阴影可以做出一些非常绚丽的效果，如示例 7 就通过文字阴影做出了浮雕效果。

➲示例 7

```
<!DOCTYPE html>
<html lang="en">
<head>
    <meta charset="UTF-8">
    <title>浮雕效果</title>
    <style>
        body{
            background: #000;
        }
        div{
            padding:30px;
            font-size: 60px;
            font-weight: bold;
            color:#DDD;
            background: #ccc;
            -moz-text-shadow: -1px -1px #fff,2px 2px #222;        /*Firefox*/
            -webkit-text-shadow: -1px -1px #fff,2px 2px #222;     /*WebKit*/
            text-shadow: -1px -1px #fff,2px 2px #222;
        }
    </style>
</head>
```

```
<body>
<div>text-shadow 浮雕效果</div>
</body>
</html>
```

页面效果如图 3.14 所示。

图 3.14　浮雕效果

浮雕效果采用颜色对比，加上阴影效果，使平面的文字看起来像浮雕。给文字右侧下侧加上深色阴影，左侧和上侧加浅色阴影模拟光照，就可显示出类似浮雕的效果。

操作案例 2：完成脚本之家导航部分

需求描述

请完成图 3.15 所示的导航文字"脚本之家"的描边效果以及 Logo 的圆角效果。

完成效果

图 3.15　"脚本之家"导航

技能要点

● CSS3 文字阴影 text-shadow 属性的使用。

● CSS3 图片阴影的使用。

● 圆角图片的使用。

关键代码

```
img#logo {
    -moz-box-shadow: #ccc 2px 2px 2px;
    -webkit-box-shadow: #ccc 2px 2px 2px;
    box-shadow: #ccc 3px 3px 2px;
    -moz-border-radius: 10px;
    -webkit-border-radius: 10px;
    border-radius: 10px;
```

```
        }
    li.logo span:first-of-type {
        font-size: 30px;
        font-family: Microsoft YaHei;
        color: #e5d0cc;
        -moz-text-shadow: -1px 0 black,1px 0 black, 0 1px black,0 -1px black;
        -webkit-text-shadow: -1px 0 black,1px 0 black, 0 1px black,0 -1px black;
        text-shadow: -1px 0 black,1px 0 black, 0 1px black,0 -1px black;
    }
    /*HTML 结构*/
    <ul class="ulLogo">
        <li><img id="logo" src="logo.gif" alt=""/></li>
        <li class="logo"><span>脚本之家</span><Br><span>www.jb51.net</span></li>
        <li><img src="a.gif" alt=""/></li>
        <li><img src="b.gif" alt=""/></li>
    </ul>
```

实现步骤

（1）创建 HTML 页面。

（2）在页面中添加 ul 元素制作导航。

（3）设置文字颜色和背景颜色。

（4）设置文字 4 个方向的阴影。

（5）设置图片圆角和阴影。

2.2　word-wrap

word-wrap 属性用来表明是否允许浏览器在单词内进行断句，这是为了防止当一个单词太长而找不到它的自然断句点时产生溢出现象，如示例 8 所示。

⊃示例 8

```
<!DOCTYPE html>
<html lang="en">
<head>
    <meta charset="UTF-8">
    <title>断句效果</title>
    <style>
        p{
            border:1px solid: #000;
            width:300px;
        }
    </style>
</head>
<body>
<p>this is a long wordddddddddddddddddddddddddddddddddddddddddddddddd</p>
</body>
```

运行效果如图 3.16 所示。

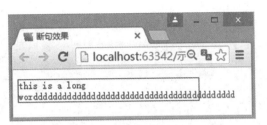

图 3.16　无换行效果

在示例 8 中为 p 元素添加如下样式：

-ms-word-wrap: break-word;/*IE*/
word-wrap: break-word;

运行效果见图 3.17。

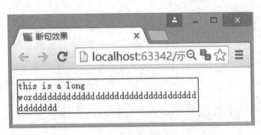

图 3.17　换行效果

可见 word-wrap 主要用于在 div 或 p 元素的末尾遇见长单词出现溢出的情况时，允许单词换行显示，防止溢出。

3　CSS3 背景

在 CSS 中已经讲解过背景的使用，在 CSS3 中新增加了如下几个设置背景的属性：

- background-size：规定背景图片大小。
- background-origin：规定背景图片的定位区域。
- background-clip：规定背景图片的绘制区域。

其中 background-origin 和 background-clip 都有固定的 3 个属性值，具体说明见表 3.3。

表 3.3　背景属性说明

属性值	background-origin 说明	background-clip 说明
padding-box	背景图像相对于内边距框来定位	背景被裁切到内边距框
border-box	背景图像相对于边框盒来定位	背景被裁切到边框盒
content-box	背影图像相对于内容框来定位	背景被裁切到内容框

下面解释一下 CSS3 新增的背景属性，这里以 div 容器为例。我们已经学过，在设置背景时，如果背景图片大，而 div 比图片小，则只显示背景图片左上角一部分，如果想让背景图片都显示在 div 里，最简单的方式就是使用 CSS3 的 background-size: cover 样式。

⊃示例 9

```
<!DOCTYPE html>
<html lang="en">
<head>
    <meta charset="UTF-8">
    <title>背景覆盖</title>
    <style>
        div {
            overflow: hidden;
            *position: relative; /* IE6,7*/
            width: 400px;height: 200px;
            padding:px 5px;
            border:1px solid #000;
            background: url("../bg.jpg");
            -moz-background-size:cover;    /*Firefox*/
            -webkit-background-size:cover;/*Chrome*/
            background-size: cover;
            filter: progid:DXImageTransform.Microsoft.AlphaImageLoader(
                    src='../bg.jpg',
                    sizingMethod='scale');/*滤镜效果*/
        }
    </style>
</head>
<body>
<div></div>
</body>
</html>
```

IE6、7 下不兼容 overflow:hidden，需要添加*position: relative;语句，同时也不支持 background-size，需要使用滤镜实现背景效果。效果如图 3.18 所示，整个图片都变为 div 的背景。

图 3.18　背景效果

通过 background-size: cover; 可以把整个图片作为背景放于元素中，background-size 具有 3 个常用的属性值：

- cover：把背景图像扩展至足够大，以使背景图像完全覆盖背景区域。背景图像的某些部分也许无法显示在背景定位区域中。
- contain：把图像扩展至最大尺寸，以使其宽度和高度完全适应内容区域。
- percentage：以父元素的百分比来设置背景图像的宽度和高度。第一个值设置宽度，第二个值设置高度。

把示例 9 中的 background-size: cover 修改为 background-size: 50% 30%，效果如图 3.19 所示。从图 3.19 可以看出，水平背景占 50% 重复，垂直背景占 30% 重复。

图 3.19　背景百分比效果

background-origin 属性优化了背景图像的定位方式，能够更灵活地确定背景图显示位置，background-origin 属性值说明如下：

- border-box：将背景直接设置到边框，边框包含在背景内部。
- content-box：将背景设置到内容上，不包含 padding。
- paddnig-box：将背景设置到边框内部，紧贴边框内部。

background-clip 也有 3 个和 background-origin 相同的属性值，作用是决定背景在哪些区域显示。如果它的值为 border，则背景在元素的边框、补白和内容区域都会显示；如果值为 padding，则背景只会在补白和内容区域显示；如果值为 content，则背景只会在内容区域显示。读者可以自己编写代码查看效果。

4　CSS3 字体

在 CSS3 之前，Web 设计师只能够使用用户计算机中已安装的字体，如果想用自己喜欢的字体，只能够先用 Photoshop 把文字截成图片形式，然后放置在需要的位置，操作比较复杂而且修改比较麻烦。

通过 CSS3，Web 设计师可以使用他们喜欢的任意字体。使用时将该字体文件存放到 Web 服务器上，它会在需要时自动下载到用户的计算机上。该字体是 Web 设计师在 CSS3 的 @font-face 规则中定义的。

@font-face 的语法规则如下：

```
@font-face{
        font-family:<webFontName>;        //自定义的字体名称
        src:<source>[<format>];           //引用外部字体的路径
        [font-weight]:<weight>;           //字体的加粗
        [font-style]:<style>;             //字体样式
}
```

下面通过示例 10 演示一下如何在 CSS3 中引入字体。

⊃ 示例 10

```
<!doctype html>
<html lang="en">
 <head>
  <meta charset="UTF-8">
  <title>自定义字体</title>
  <style>
   *{padding:0;margin:0;}
   .container{width:600px;margin:50px auto;}
   h2{font-size:16px;margin-top:30px;color:#096;}
   p{margin-top:10px;}
   /**字体应用**/
   @font-face {
        font-family: 'SingleMaltaRegular';
        /*引入字体文件，保证浏览器兼容性*/
        src: url('fonts/shimesone_personal-webfont.eot');
        src: url('fonts/shimesone_personal-webfont.eot?#iefix') format('embedded-opentype'),
            url('fonts/shimesone_personal-webfont.woff') format('woff'),
            url('fonts/shimesone_personal-webfont.ttf') format('truetype'),
            url('fonts/shimesone_personal-webfont.svg#SingleMaltaRegular') format('svg');
        font-weight: normal;
        font-style: normal;
   }
   .fonts{
        font-size:80px;
        font-family:"SingleMaltaRegular";
   }
  </style>
 </head>
<body>
  <div class="container">
     this is a sunny day
     <p class="fonts">this is a sunny day </p>
  </div>
</body>
</html>
```

示例 10 中自定义了一个名字是 shimesone 的字体，通过 src 引入 4 个字体文件：

shimesone_personal-webfont.eot

shimesone_personal-webfont.svg

shimesone_personal-webfont.ttf

shimesone_personal-webfont.woff

引入 4 个文件的目的是保证所有类型的浏览器都兼容，都能正常显示。显示效果如图 3.20 所示。

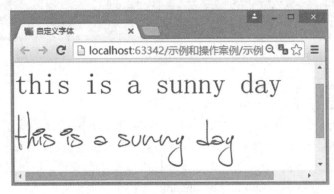

图 3.20　自定义字体对比

通过 CSS3 自定义字体的方式，开发人员就可以使用自己喜欢的字体，而不需要考虑用户计算机上是否安装该字体。浏览器对字体支持的信息见表 3.4。

表 3.4　浏览器对字体的支持

Browser	@font-face	.ttf	.woff	.eot	.svg
	4+	9+	9+	4+	
	3.5+	3.5+	3.6+		
	4+	4+	6+		4+
	3.1+	3.1+	6+		3.1+
	10+	10+	11.1+		10+

5　设置 CSS3 透明度

在网页设计中经常会遇到图片或元素的透明情况。如图 3.21 所示，QQ 会员注册页面的导航部分就是用了半透明效果。

图 3.21　半透明效果

在 CSS3 设置透明度有几种方式。语法如下：

- background: rgba(0,0,0,0.5);

  rgb 采用红绿蓝三原色，就是固定的颜色。如果是 rgba 方式，除了三原色之外，还有一个透明度，透明度的取值范围是 0 到 1，0 表示完全透明，1 表示完全不透明。IE6、7、8 不支持此方式，IE9 及以上版本和标准浏览器都支持。这种设置方式一般用于调整 background-color、color、box-shadow 等的不透明度。

- opacity: 0.8;

  IE6、7、8 不支持此方式，IE9 及以上版本和标准浏览器都支持。设置 opacity 元素的所有后代元素会随之一起具有透明性，一般用于调整图片或者模块的整体不透明度。

- background-color: transparent;

  此方式用于设置背景完全透明，不能设置半透明。

- filter: alpha(opacity=x);

  这属于 IE 专属滤镜功能，x 的取值是从 0 到 100，如 filter: alpha(opacity=80);，这种方式仅支持 IE6、7、8、9，在 IE10 版本被废除。所以通常使用 opacity 设置透明效果时使用如下写法：

```
opacity: 0.8;              /*IE10 及标准浏览器*/
filter: alpha(opacity=80);   /*同 opacity，是针对 IE10 以下版本的支持*/
```

通过示例 11 演示在新闻或广告中，内容简介的半透明效果的制作。

⊃示例 11

```
<!DOCTYPE html>
<html lang="en">
<head>
    <meta charset="UTF-8">
    <title>广告遮罩</title>
    <style>
        div{
            background: url("img/car.jpg");
            width:520px;
            height:280px;
        }
```

```
        p{
            color:white;
            background: #000;
            /*opacity: 0.5; 背景透明，文字透明*/
            background:rgba(0,0,0,0.5) none repeat scroll 0 0 !important;/*实现 Firefox 背景透明，
                                                        文字不透明*/
            filter:alpha(opacity=50); /*实现 IE 背景透明*/
            position: relative;
            height:40px;
            line-height: 40px;
            top:240px;
            padding-left: 20px;
        }
    </style>
</head>
<body>
<div>
    <p>超级都市 SUV，引领汽车时尚先锋</p>
</div>
</body>
</html>
```

示例 11 演示了常见的新闻或广告底部显示内容的特效，在图片底部设置遮罩层，并设置背景，使背景半透明，文字不透明，效果如图 3.22 所示。

图 3.22   遮罩背景透明

操作案例 3：制作菜单特效

需求描述

● 利用 HTML5/CSS3 鼠标悬停功能制作动画菜单按钮。

● 使用 HTML5 新增 section、nav 和 ul 创建导航菜单。

● 将素材中的字体文件复制于项目中。

- 修改 style.css 文件，完善菜单效果。
- 使用 border-radius 制作圆形菜单。
- 使用@font-face 自定义字体。
- 设置菜单的透明效果，如图 3.23 所示。

完成效果

图 3.23　动态菜单效果

技能要点

- 使用 border-radius 制作圆形菜单。
- 使用@font-face 自定义字体。
- 设置菜单的透明效果。

关键代码

```
.nav li a {
  display: inline-block;
  width: 120px;
  height: 120px;
  padding: 30px;
  border-radius: 50%;//制作圆形导航按钮
  border-width: 8px;
  border-style: solid;
}
.nav li:nth-child(1) a {
  color: #4d9683;
  text-shadow: 0 1px 0 #9de3cf;          //设置文字阴影
  border-color: #549e89;
  background-color: rgba(0,193,140,0.95);      //设置背景透明
}
/**引入字体，考虑到浏览器兼容，引入多个字体**/
@font-face {
  font-family: 'LigatureSymbols';
  src: url('../font/LigatureSymbols.eot');
  src: url('../font/LigatureSymbols.eot?#iefix') format('embedded-opentype'),
    url('../font/LigatureSymbols.woff') format('woff'),
    url('../font/LigatureSymbols.ttf') format('truetype'),
```

```
      url('../font/LigatureSymbols.svg#LigatureSymbols') format('svg');
  font-weight: normal;
  font-style: normal;
}
.nav li:nth-child(1) span:before {
  content: "home";
}
```

> **注意**　content: "home"表示该字体支持的样式特性，图 3.23 中 home 菜单的小房子图标就是由这行代码生成的，不需要再单独添加图片。

实现步骤

（1）设置 HTML 页面结构。

（2）将 4 个字体文件复制到项目中。

（3）定义 li 标签里面的 a 标签为圆形按钮。

（4）使用@font-face 定义字体。

（5）在:before 伪类中使用 content 添加图标。

注意添加图标不需要使用图片，使用字体自带的图标，以 Ligature Symbols 为例，Ligature Symbols 本身带有很多图标，只需要在使用该字体的元素上添加:before 伪类，然后在伪类中添加 content 属性，根据添加的属性值不同，显示的图标也不同。

在操作案例 3 中将 content 属性值设置为图 3.23 中按钮显示的文本（如 Home），即可显示相对应的图形，如设置 content 的属性值为 WiFi，则会出现 WiFi 的图标，Ligature Symbols 支持的图标可参阅网站http://kudakurage.com/ligature_symbols/，在该网站中有很多可用的图标。

素材准备

登录课工场 http://www.kgc.cn/，下载素材。

本章总结

- 设置网页元素的边框：border-radius，border-image，box-shadow。
- 设置网页元素的背景：background-size，background-origin，background-clip。
- 设置文本效果：text-shadow，word-wrap。
- 自定义网页字体：@font-face。

本章作业

1. 请说出使元素背景半透明有几种方式。
2. CSS 中有哪几个文本属性，各有什么作用？
3. 请结合本章所学内容实现以下功能。
- 使用 HTML5 创建页面结构。
- 使用自定义字体显示网站网址。
- header 内部的文字使用阴影实现描边效果。

- 当鼠标移入导航时改变背景并显示圆角效果。
- 请登录课工场下载素材。
- 效果如图 3.24 所示。
- 部分关键 CSS 代码（描边效果）：

```
-moz-text-shadow: -2px 0 white,2px 0 white, 0 2px white,0 -2px white;
-webkit-text-shadow: -2px 0 white,2px 0 white, 0 2px white,0 -2px white;
text-shadow: -2px 0 white,2px 0 white, 0 2px white,0 -2px white;
```

图 3.24　鲜花满屋

4. 结合本章所学内容实现图 3.25 所示的功能。
- 实现圆形导航效果。
- 使用自定义字体 Ligature Symbols。
- 使用字体中自带的图标。
- 鼠标悬停时，图标、文字、边框变为红色。

图 3.25　导航效果

5. 请登录课工场，按要求完成预习作业。

第 4 章

CSS3 高级特效

本章技能目标

- 掌握 2D 转换方法对元素进行移动、缩放、转动或拉伸
- 能够在 3D 空间中改变元素的形状、位置和大小

本章简介

一直以来 CSS 给人们的概念，就是页面布局和美化。通过使用 CSS 能够对页面进行精细布局，同时也能使结构和样式分离。如果修改网页的样式，只修改样式表就可以，甚至有些网站同时制作了多套样式表，改变网站的整体风格变得非常容易。但是如果在网页中遇到动画，或者元素要动态改变大小、形状、位置等，CSS 将无能为力，因此也就只能用到 JavaScript 甚至是 Flash 了。

CSS3 的出现改变了人们对 CSS 的认知，通过使用 2D、3D 转换方法，单纯使用 CSS3 也能甚至更优秀地实现动画效果。

1 2D 转换

2D 转换也可以理解为二维转换，指的是在平面上将元素进行移动、缩放、倾斜和翻转。可通过 transform 属性进行 2D 转换，不同的形变方式对应不同的属性值。

CSS3 transform 效果是指通过在浏览器里让网页元素移动、旋转、透明、模糊等方法来实现改变其外观的技术。在 CSS 里定义的变化动作会在页面生成前应用到网页元素上，所以看不到发生的过程。然而，这些变化动作也可以由 mouseover 或其他相似事件触发，这样用户就可以看到它的动作过程。

transform 属性可以用于块元素和行内元素的转换，熟练使用 transform 属性，能够解决以前必须使用图片才能实现的功能，比如文字转换、图片倾斜等功能。这和以前必须用图片来实现相比是一个巨大的进步，也是一个巨大的优势。

IE10、Firefox 和 Opera 支持 2D，Chrome 和 Safari 需要前缀-webkit-，IE9 需要在 transform 前加-ms-。当然，也无需死记硬背，开发人员可以到http://caniuse.com网站来判断浏览器的支持情况。

1.1 translate()方法

translate()作用是使元素从当前位置移动到指定的位置（x 坐标，y 坐标），方法说明如表 4.1 所示。

表 4.1 Translate 方法

方法	说明
translate(x,y)	2D 转换，沿 X 轴和 Y 轴移动元素
translateX(n)	2D 转换，沿 X 轴移动元素
translateY(n)	2D 转换，沿 Y 轴移动元素

下面通过一些示例来介绍这些新的输入类型。

⊃示例 1

```
<!doctype html>
<html lang="en">
 <head>
  <meta charset="UTF-8">
  <title>translate 2D 效果</title>
  <style>
   .move{
       width:500px;height:100px;
       border:1px #000 solid;
   }
   .translate{
```

```
        background:#33a4d9;
        height: 50px;width:120px;
        -webkit-transition: transform 0.3s linear;
        -moz-transition: transform 0.3s linear;
        -ms-transition: transform 0.3s linear;
        -o-transition: transform 0.3s linear;
        transition: transform 0.3s linear;
    }
    .move: hover .translate{
        -ms-transform: translate(350px,30px);
        -moz-transform: translate(350px,30px);
        -webkit-transform: translate(350px,30px);
        -o-transform: translate(350px,30px);
        transform: translate(350px,30px);
    }
  </style>
</head>
<body>
  <div class="container">
    <!--translate-->
    <h2>translate</h2>
    <div class="move">
        <div class="translate"></div>
    </div>
  </div>
</body>
</html>
```

依据示例 1，当鼠标悬停到 div 上时候，div 向右移动 350px，向下移动 30px，如图 4.1 所示。

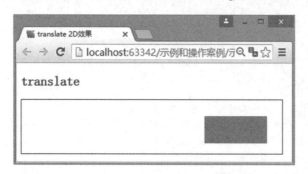

图 4.1　translate 2D 效果

translate(x,y)参数取值为正数时，向右向下移动，取值为负数时候，向左向上移动，通过水平和垂直取值不同可以实现不同的移动效果。这种位移效果使用 jQuery 的 animate 动画也能实现，不过需要使用 CSS 的 position 属性，而使用 translate()方法无需其他任何的操作。

在很多网站的首页上都有轮换广告的效果，如淘宝、当当首页，目的是在有限的空间显示更多的广告信息，当用户点击对应的按钮时显示相对应的图片广告（通常用户不点击会自动轮换），如图 4.2 所示（图中方框的部分为 banner 轮换广告）。

图 4.2　当当网首页广告

在以前可使用 JavaScript 代码实现这种效果，但是需要大量的代码，现在通过 translate 属性配合 JavaScript 代码能够大量减少开发人员的工作量。

⊃示例 2

```
<!DOCTYPE html>
<html lang="en">
<head>
    <meta charset="UTF-8">
    <title>banner 轮换广告</title>
    <style>
        ul.imgs li {
            display: inline-block;
        }
        div {
            width: 600px;
            overflow: hidden;
            height: 180px;
        }
/*广告图片位移*/
        ul.imgs:hover {
            -ms-transform: translate(-600px, 0px);
            -moz-transform: translate(-600px, 0px);
            -webkit-transform: translate(-600px, 0px);
            -o-transform: translate(-600px, 0px);
            transform: translate(-600px, 0px);
        }
/*设置轮换按钮*/
        .btns {
            position: relative; top: -50px;width: 70px;margin: 0 auto;
        }
        .btns li {
            display: inline-block;
            width: 20px;height: 20px;line-height: 20px;
```

```
                    text-align: center;
                    background: #fff;
                    -webkit-border-radius: 50%;
                    -moz-border-radius: 50%;
                    border-radius: 50%;
                }
        </style>
</head>
<body>
<div>
    <ul class="imgs">
        <li><img src="img/a.jpg" alt=""/></li>
        <li><img src="img/b.jpg" alt=""/></li>
    </ul>
    <ul class="btns">
        <li>1</li><li>2</li>
    </ul>
</div>
</body>
</html>
```

示例 2 并没有完全实现轮换广告效果，要完全实现还需要部分 JavaScript 代码设置图片位移的效果。示例 2 仅仅讲解位移，因此并没有添加全部代码。

在运行示例 2 时，当鼠标移入图片，图片转换很突兀，通常为了增强视觉效果，图片转换都有动画效果，CSS3 动画效果在后面的章节会讲解。banner 轮换广告效果如图 4.3 所示。

图 4.3　banner 轮换广告

示例 2 中修改的是 translate()方法的 x 属性值，因此图片左右移动，如果仅修改 y 属性值，则图片上下移动。

1.2　rotate()方法

rotate()方法用于在平面内将元素进行旋转。该方法有一个角度参数，确定旋转多少角度。角度为正数时顺时针旋转，如果角度是负数则逆时针旋转。

语法结构：

transform:rotate(ndeg)

下面通过示例 3 演示一下 rotate()方法的用法。

つ示例 3

```
<!doctype html>
<html lang="en">
<head>
    <meta charset="UTF-8">
    <title>照片展示</title>
    <style>
        * {padding: 0; margin: 0;}
        ul {list-style: none;}
        .container {width: 800px;margin: 10px auto;}
        .container li {
            float: left;width: 170px;margin: 15px 10px;
            padding: 5px;
            -webkit-border-radius: 5px;
            -moz-border-radius: 5px;
            border-radius: 5px;
            -webkit-box-shadow: 0 0 2px rgba(0, 0, 0, .5);
            -moz-box-shadow: 0 0 2px rgba(0, 0, 0, .5);
            box-shadow: 0 0 2px rgba(0, 0, 0, .5);
        }
        .container li img {
            width: 170px;height: 120px;
            -webkit-border-radius: 5px;
            -moz-border-radius: 5px;
            border-radius: 5px;
            vertical-align: bottom;
        }
    </style>
</head>
<body>
<div class="container">
    <ul class="img-list">
        <li><img src="img/pic_01.png"/></li>
        <li><img src="img/pic_02.png"/></li>
        <li><img src="img/pic_03.png"/></li>
        <li><img src="img/pic_04.png"/></li>
        <li><img src="img/pic_05.png"/></li>
        <li><img src="img/pic_06.png"/></li>
        <li><img src="img/pic_01.png"/></li>
        <li><img src="img/pic_02.png"/></li>
    </ul>
</div>
</body>
</html>
```

没有采用 2D 旋转时的页面效果如图 4.4 所示。

图 4.4　没有 2D 旋转的效果

上图没有添加 2D 旋转效果，修改示例 3 的代码，增加如下 CSS 代码：

```
/*2D 样式转换*/
    .container li:nth-child(1){
        -ms-transform:rotate(30deg);
        -webkit-transform:rotate(30deg);
        -o-transform:rotate(30deg);
        -moz-transform:rotate(30deg);
        transform:rotate(30deg);//顺时针旋转 30 度
    }
    .container li:nth-child(2){
        -ms-transform:rotate(-15deg);
        -webkit-transform:rotate(-15deg);
        -o-transform:rotate(-15deg);
        -moz-transform:rotate(-15deg);
        transform:rotate(-15deg);//逆时针旋转 15 度
    }
```

其中 rotate 的参数是角度，30deg 表示向右倾斜 30 度，注意一个圆周有 360 度，也就是 360deg，其中 deg 不能省略。而示例 3 中未列出的代码只是旋转角度有部分修改，其余与列出的代码相同，读者可自己练习。

2D 旋转以后的页面效果如图 4.5 所示。

图 4.5　2D 旋转效果

在示例 3 中使用 2D 转换来使照片旋转，向左转的可以用负数的角度，还要注意一下:nth-child 的用法。

仔细观察图 4.5，发现所有的旋转都是以图片的中心来运行的，实际上在 CSS3 中专门有设置旋转中心的属性，在下文中会有详细讲解。

1.3 scale()方法

scale()方法能够缩放元素大小，该函数包含两个参数值分别用来定义宽和高的缩放比例。该方法还衍生出两个方法 scaleX()和 scaleY()，具体说明见表 4.2。

表 4.2 scale 缩放方法

方法	说明
scale(x,y)	2D 缩放转换，改变元素宽度和高度
scaleX(n)	2D 缩放转换，改变元素宽度
scaleY(n)	2D 缩放转换，改变元素高度

其中的方法参数 x 表示只在水平方向缩放，y 是垂直方向缩放，且参数可以是正数、负数和小数。正数指将元素放大指定倍数，小数（0 到 1）指将元素缩小指定倍数。负数指先将元素反转，再按指定倍数缩放。如果只写一个参数，另一个参数和第一个相同。

⇒示例 4

```
<!DOCTYPE html>
<html lang="en">
<head>
    <meta charset="UTF-8">
    <title>scale 缩放效果</title>
    <style>
        ul{list-style: none;}
        li{
            background: #cca240;text-align: center;
            float: left;width:100px;height:50px;margin:20px;
        }
        /**第一个正常**/
        li:nth-child(1) p {
            -webkit-transform: scale(1);
            -moz-transform: scale(1);
            -ms-transform: scale(1);
            -o-transform:scale(1) ;
            transform: scale(1);
        }
        /**第二个水平和垂直都放大 1.5 倍**/
        li:nth-child(2) p {
            -webkit-transform: scale(1.5);
```

```
            -moz-transform: scale(1.5);
            -ms-transform: scale(1.5);
            -o-transform:scale(1.5) ;
            transform: scale(1.5);
    }
    /**第三个水平和垂直都缩小 70%**/
    li:nth-child(3) p {
            -webkit-transform: scale(0.7);
            -moz-transform: scale(0.7);
            -ms-transform: scale(0.7);
            -o-transform:scale(0.7) ;
            transform: scale(0.7);
    }
    /**第四个水平反转并放大 1.5 倍，垂直方向不反转**/
    li:nth-child(4) p {
            -webkit-transform: scale(-1.5, 1.5);
            -moz-transform: scale(-1.5, 1.5);
            -ms-transform: scale(-1.5, 1.5);
            -o-transform:scale(-1.5, 1.5) ;
            transform: scale(-1.5, 1.5);
    }
    </style>
</head>
<body>
<ul>
    <li><p>2D 形变效果</p>正常效果</li>
    <li><p>2D 形变效果</p>放大</li>
    <li><p>2D 形变效果</p>缩小</li>
    <li><p>2D 形变效果</p>反转放大</li>
</ul>
</body>
</html>
```

　　示例 4 为 scale()方法添加参数，根据参数是正数、负数还是小数，以及参数的个数，显示出不同的缩放效果，页面效果如图 4.6 所示。

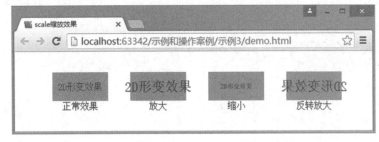

图 4.6　scale 缩放效果

　　关于第四个反转效果，使用的参数是负数，示例 4 只是水平方向反转，如何能做到垂直方向反转或者是水平和垂直方向同时反转，请读者思考。

通常在某些图片网站，经常在页面上显示图片的缩略图。当点击图片或鼠标移入时，显示大图，这个功能可以用 CSS 缩放方法来实现。

➲ 示例5

```
<!doctype html>
<html lang="en">
<head>
    <meta charset="UTF-8">
    <title>照片缩放</title>
    <style>
        ul {
                margin-top:70px;
                list-style: none;
        }
        .container li {
                float: left;width: 170px;margin: 15px 10px;
                padding: 5px;
                -webkit-border-radius: 5px;
                -moz-border-radius: 5px;
                border-radius: 5px;                    /*实现圆角效果*/
                -webkit-box-shadow: 0 0 2px rgba(0, 0, 0, .5);
                -moz-box-shadow: 0 0 2px rgba(0, 0, 0, .5);
                box-shadow: 0 0 2px rgba(0, 0, 0, .5);        /*实现阴影效果*/
        }
        .container li img {
                width: 170px;height: 120px; vertical-align: bottom;
                -webkit-border-radius: 5px;
                -moz-border-radius: 5px;
                border-radius: 5px;
        }
        .container li:hover{
                -ms-transform:scale(2);
                -webkit-transform: scale(2);
                -o-transform: scale(2);
                -moz-transform: scale(2);
                transform:scale(2);        /*当鼠标移入时放大2倍*/
                position: relative;        /*为了使 z-index 生效，此处添加相对定位*/
                z-index: 1;}
    </style>
</head>
<body>
<div class="container">
    <ul class="img-list">
        <li><img src="img/a.jpg"/></li>
        <li><img src="img/c.jpg"/></li>
        <li><img src="img/b.jpg"/></li>
```

```
        </ul>
    </div>
    </body>
    </html>
```

示例 5 的运行效果如图 4.7 所示。当鼠标移入时图片放大，而放大图片要显示在最前面，因此设置了相对定位，并且添加了 z-index 属性。

图 4.7　图片缩放效果

操作案例 1：相册展示效果

需求描述

在网页中，经常有各种各样效果的相册网站，使用 CSS 和 jQuery 能实现优美绚丽的相册，下面请您利用 transform 属性实现如图 4.8 所示的部分相册功能。

- 图片以不同的角度显示。
- 当鼠标点击图片时，图片右移，水平显示并放大。
- 当点击其他图片时候，本张图片回到原位。

完成效果

图 4.8　相册展示

关键代码

```
img:nth-child(1) {
/*设置图片旋转*/
    -webkit-transform: rotate(-15deg);
    -moz-transform: rotate(-15deg);
    -ms-transform: rotate(-15deg);
    -o-transform: rotate(-15deg);
    transform: rotate(-15deg);
}
/*通过 jQuery 实现点击改变图片样式的效果*/
$("img").click(function () {
    $("img:eq(0)").css({   transform: "rotate(-15deg)"});
    $("img:eq(2)").css({   transform: "rotate(15deg)"});
    $("img:eq(3)").css({   transform: "rotate(30deg)"});
    $("img:eq(4)").css({   transform: "rotate(45deg)"});
    $("img:eq(5)").css({   transform: "rotate(60deg)"});
    $(this).css("transform","translate(200px)   scale(2)");
})
```

实现步骤

（1）设置图片样式，使图片以不同角度显示。

（2）通过 transform-origin:0;属性使图片以左侧中间为旋转中心，该属性下一节会讲解，此处为了实现效果，提前使用。

（3）通过 jQuery 实现点击图片样式变化效果。

素材准备

登录课工场 http://www.kgc.cn/，下载素材。

1.4   skew()方法

skew()方法用于将元素倾斜，该方法同样包含了 x 和 y 两个参数，分别代表向水平方向（X轴方向）倾斜的角度和向垂直方向（Y 轴方向）倾斜的角度。如果角度设置为负值，倾斜方向相反。如果只写一个参数，省略第二个参数，第二个参数默认为 0，这里要和 scale()方法区分，对于 scale()方法，如果第二个参数不写，默认和第一个相同。

图 4.9 演示了水平倾斜和垂直倾斜的效果。

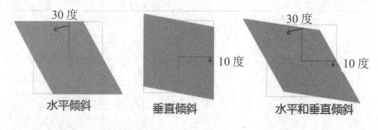

图 4.9   skew 倾斜效果

图 4.9 中分别演示了向 X 轴倾斜 30 度，向 Y 轴倾斜 10 度以及向 X 轴和 Y 轴同时倾斜的

效果。所谓的倾斜方向是围绕 X 轴或 Y 轴。当设置 x 值为 45deg，y 值也是 45deg 的时候，会发现页面上图片不显示，因为当向 Y 轴倾斜 45 度后，元素有了一个 45 度的锐角，而此时又向 X 轴倾斜，于是这个锐角正好被压缩为 0，相当于读者面前一张纸，先围绕 X 轴倾斜 45 度，再围绕 Y 轴倾斜 45 度，此时这张纸是以倾斜的角度垂直面向读者，读者只能看到纸的厚度那么多的边，体现到网页上就什么都看不到了。

```
transform:skew(45deg,45deg);
```

通过示例 6 看一下 skew 的倾斜效果。

⊃ 示例 6

```
<!DOCTYPE html>
<html lang="en">
<head>
    <meta charset="UTF-8">
    <title>倾斜效果</title>
    <style>
        li img{
        width:200px;
        -webkit-transform: skew(20deg,10deg);
        -moz-transform: skew(20deg,10deg);
        -ms-transform: skew(20deg,10deg);
        -o-transform: skew(20deg,10deg);
        transform: skew(20deg,10deg);
        }
    </style>
</head>
<body>
<ul>
    <li><img src="book.jpg" alt=""/>
    </li>
</ul>
</body>
</html>
```

示例 6 演示效果如图 4.10 所示。

图 4.10　图片倾斜效果

示例 6 演示了图片在 X 轴倾斜 20 度，Y 轴倾斜 10 度的效果。可以看出 skew()将一个元素围绕 X 轴和 Y 轴以一定的角度倾斜。

> **注意** skew()和 rotate()不同，rotate()只是旋转，但不能改变元素的形状，而 skew()可以改变元素形状。

另外，2D 形变还有一个 matrix 函数，可以将所有的转换效果结合在一起，下面代码段演示了 matrix 函数的用法。

```
.matrix{
    width:120px;
    height:50px;
    background:#d75007;
    margin-top:80px;
    transform:matrix(0.5,-0.88,0.3,3,23,20);
    -ms-transform:matrix(0.5,-0.88,0.3,3,23,20);
    -webkit-transform:matrix(0.5,-0.88,0.3,3,23,20);
    -o-transform:matrix(0.5,-0.88,0.3,3,23,20);
    -moz-transform:matrix(0.5,-0.88,0.3,3,23,20);
}
```

其中，matrix 函数内部参数包含了所有的转换数据，只不过不是按顺序填写所需要的值，而是用矩阵来计算各个参数值，难度比较大。因此在平时开发中用得比较少，本书不做深入讲解。

2　3D 转换

2.1　3D 转换的介绍

作为一个网页设计师，可能熟悉在二维空间工作，但是在三维空间工作并不太熟悉。使用 2D 转换，我们能够改变元素在水平和垂直轴线的位置。

我们在学习数学的时候，学习过水平的 X 轴和垂直的 Y 轴，X 轴和 Y 轴组成一个平面，然而除了 X 轴和 Y 轴以外，还有一个 Z 轴。沿着 Z 轴我们可以改变元素的空间位置，也就是所谓的三维。使用 3D 转换，我们可以改变元素在 Z 轴的位置，使元素看起来更加立体。

3D 转换和 2D 转换类似，也有几个转换属性，见表 4.3。

表 4.3　3D 转换的属性

属性	说明
transform	2D 或 3D 转换
transform-origin	允许改变转换元素的位置
transform-style	嵌套元素在 3D 空间如何显示
perspective	规定 3D 元素的透视效果

续表

属性	说明
perspective-origin	规定 3D 元素的底部位置
backface-visibility	元素在不面对屏幕时是否可见

下面分别说一下 3D 转换的几个比较常用的属性：

transform-origin： 改变要转换的元素的起始位置。默认情况下要转换的元素的起始点在元素的中心位置。通过 transform-origin 可以改变元素转换时的中心位置。语法结构如下：

transform-origin: x-aixs y-aixs z-aixs;

此属性有 3 个值，分别指元素开始转换时在 X 轴的位置、Y 轴的位置和 Z 轴的位置。如下所示：

transform-origin:bottom;　//元素底部中心为开始转换位置

图 4.11 演示了默认的旋转中心以及以底部为旋转中心的显示效果。

图 4.11　transform-origin 效果

如图 4.11 所示，第一个是以扑克牌的中心为初始位置旋转，第二个是以底部为初始位置旋转。默认是以 X 轴和 Y 轴的初始值为中心点，即 "50%, 50%"。

transform-origin 可用于块元素和行内元素，参数可以是具体 em、px 值，也可以是百分比，或者是 "left，center，bottom" 等。目前 IE9 及以下的浏览器不支持 transform-origin，Firefox、Chrome 等浏览器支持，但需要加各自的前缀。

transform-style： 使被转换的子元素保留其 3D 转换，默认值是 flat，表示子元素将不保留其 3D 位置。如果想要子元素保留其 3D 位置，必须将值设置为 preserve-3d。

 如果想要某一个元素进行 3D 转换，必须在父元素上添加 transform-style，而且该属性值必须设置为 preserve-3d。

perspective： 可以理解为视角，用于定义 3D 元素距视图的距离，单位为 px（像素）。假如设置值为 1000，表示为观众在距离表演者 1000px 的位置看表演者。perspective 值越大，表示观众距离表演者越远。如同坐在第一排的观众和坐在最后一排的观众，观看表演的视角是不一样的。perspective 默认值为 none，相当于 0，如图 4.12 所示。

未设置 perspective   设置 perspective 为 500px

图 4.12　设置 perspective

2.2　3D 转换方法

3D 转换效果的实现依靠的依旧是 transform 属性，在 2D 转换的基础上实现位移、旋转、缩放等效果，与 2D 转换基本相同，只不过在平面的基础上多了空间扩展的 Z 轴。

2.2.1　3D 位移

3D 位移使用的依旧是 2D 转换中的 translate()方法，只不过多了 Z 轴，表示在 X 轴、Y 轴和 Z 轴上分别移动，3D 位移方法见表 4.4。

表 4.4　3D 位移方法

方法	说明
Translate3d(x,y,z)	3D 转换
translateX(n)	2D 和 3D 转换，沿 X 轴移动元素
translateY(n)	2D 和 3D 转换，沿 Y 轴移动元素
translateZ(n)	3D 转换，沿 Z 轴移动元素

⊃示例 7

```
<!DOCTYPE html>
<html lang="en">
<head>
    <meta charset="UTF-8">
    <title>3D 旋转效果</title>
    <style>
        div {
            -webkit-transform-style: preserve-3d;
            -moz-transform-style: preserve-3d;
            -ms-transform-style: preserve-3d;
            transform-style: preserve-3d; /*创建 3D 场景*/
            -moz-perspective: 1000px;
```

```
            -webkit-perspective: 1000px;
            perspective: 1000px; /*设置视角距离 1000px*/
        }
        img {
            width: 200px;
        }
        img:nth-of-type(1) {
            opacity: 0.5;
        }
        div img:nth-child(2) {
            /*设置元素 X 轴、Y 轴和 Z 轴位移*/
            -webkit-transform: translate3d(100px, 100px, 300px);
            -moz-transform: translate3d(100px, 100px, 300px);
            -ms-transform: translate3d(100px, 100px, 300px);
            -o-transform: translate3d(100px, 100px, 300px);
            transform: translate3d(100px, 100px, 300px);
        }
        div img:nth-child(2) {
            /*设置元素 X 轴、Y 轴和 Z 轴旋转角度*/
            -webkit-transform: rotate3d(1, 0, 1, 45deg);
            -moz-transform: rotate3d(1, 0, 1, 45deg);
            -ms-transform: rotate3d(1, 0, 1, 45deg);
            -o-transform: rotate3d(1, 0, 1, 45deg);
            transform: rotate3d(1, 0, 1, 45deg);
        }
    </style>
</head>
<body>
<div>
    <img src="book.jpg" alt=""/><img src="book.jpg" alt=""/>
</div>
</body>
</html>
```

示例 7 运行效果如图 4.13 所示。

图 4.13　3D 位移

由于在 Z 轴移动,在视觉上的感觉要比原来大些,相当于把图书由远处拿到眼前,如同看远处和近处的树木,总是近处的要比远处的大,因此会有图 4.13 所示的效果。

2.2.2　3D 旋转

同 3D 位移一样,3D 旋转和 2D 旋转基本类似,只不过多了 rotatez(n)和 rotate3d(x,y,z,a)两个方法。rotatez(n)是指元素在 Z 轴上的旋转,rotate3d(x,y,z,a)指元素在 X 轴、Y 轴和 Z 轴上的旋转。

rotate3d()中取值说明:

- x:如果元素围绕 X 轴旋转,设置为 1,否则为 0;
- y:如果元素围绕 Y 轴旋转,设置为 1,否则为 0;
- z:如果元素围绕 Z 轴旋转,设置为 1,否则为 0;
- a:是一个角度值,主要用来指定元素在 3D 空间旋转的角度,如果其值为正值,元素顺时针旋转,反之元素逆时针旋转。旋转效果如图 4.14 所示。

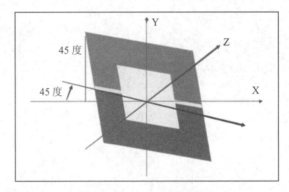

图 4.14　rotate3d 旋转效果

其实 rotate3d 就是 rotateX、rotateY 和 rotateZ 的简便写法:rotateX(a)函数功能等同于 rotate3d(1,0,0,a);rotateY(a)函数功能等同于 rotate3d(0,1,0,a);rotateZ(a)函数功能等同于 rotate3d(0,0,1,a)。其中 a 为旋转的角度。

假如读者面前立着放一本书,封面面对读者,rotateX 可以理解为图书向后或向前平放倒,rotateY 可以理解为图书立着旋转,旋转到某一角度,读者可以看见书脊,rotateZ 相当于把图书横着放倒,图书封面由正对读者变为横着面向读者。而 rotate3d 表示这三种旋转同时进行。

图 4.15 演示了 rotateX、rotateY 和 rotateZ 的单独旋转效果。

图 4.15　rotateX、rotateY 和 rotateZ 的单独旋转效果

图 4.16 演示了 rotate3d 的旋转效果。

图 4.16　rotate3d 的旋转效果

rotate3d 表示元素在 X 轴、Y 轴、Z 轴上同时旋转 45 度，而且该方法只能实现在 X 轴、Y 轴、Z 轴旋转的角度相同。

修改示例 7 的代码：

```
div img:nth-child(2){
/*设置元素 X 轴、Y 轴和 Z 轴位移*/
transform: rotate3d(1,0,1,45deg); }
```

运行效果如图 4.17 所示。

图 4.17　3D 旋转

操作案例 2：某软件开发公司首页

需求描述

利用 CSS3 的 3D 转换实现如图 4.8 所示的效果。

● 　使用阴影实现文字 3D 效果。

● 　实现 3D 转换效果。

完成效果

图 4.18　某软件公司首页

技能要点

box-shadow、transform-style: preserve-3d、perspective、rotateX、perspective-origin、text-shadow 等元素的使用。

关键代码

```
/*设置 3D 视角场景*/
div.ad {
    width: 600px;
    height: 50px;
    margin: 60px auto;
    perspective: 1000px;
    perspective-origin: 50% -200px;
}
/*设置旋转角度和阴影,通过阴影颜色体现立体效果*/
div.ad h1 {
    font-size: 3.5em;
    letter-spacing: 0.1em;
    color: #EEE;
    transform: rotateY(-20deg);
    text-shadow: 1px -1px #CCC,
    2px -1px #BBB,
    3px -2px #AAA,
    4px -2px #999,
    5px -3px #888,
    6px -3px #777;
}
```

素材准备

登录课工场 http://www.kgc.cn/,下载素材。

2.2.3　3D 缩放

3D 缩放和 2D 缩放相比,增加了 scaleZ(n)方法和 scale3d(x,y,z)方法。scaleZ(n)表示在 Z 轴

方向上缩放，当 n=1 时不缩放，当 n>1 时放大，当 0<n<1 时缩小。scale3d(x,y,z)的参数分别表示在 X 轴、Y 轴和 Z 轴方向上缩放，scale3d(1,1,n)效果等同于 scaleZ(n)。

⊃示例 8

```
<!DOCTYPE html>
<html lang="en">
<head>
    <meta charset="UTF-8">
    <title>3D 缩放</title>
    <style>
        div{
            -webkit-transform-style: preserve-3d;
            -moz-transform-style: preserve-3d;
            -ms-transform-style: preserve-3d;
            transform-style: preserve-3d;     /*创建 3D 场景*/
            -moz-perspective: 1000px;
            -webkit-perspective: 1000px;
            perspective: 1000px;              /*设置视角距离 1000px*/
        }
        img {
            width: 200px;
        }
        img:nth-of-type(1){
            opacity: 0.5;
        }
        div img:nth-child(2){
            /*设置元素 X 轴、Y 轴和 Z 轴缩放*/
            -webkit-transform: scale3d(1.2,0.5,3);
            -moz-transform: scale3d(1.2,0.5,3);
            -ms-transform: scale3d(1.2,0.5,3);
            -o-transform: scale3d(1.2,0.5,3);
            transform: scale3d(1.2,0.5,3);
        }
    </style>
</head>
<body>
<div>
    <img src="book.jpg" alt=""/>
    <img src="book.jpg" alt=""/>
</div>
</body>
</html>
```

运行效果如图 4.19 所示。

图 4.19　3D 缩放

通过示例 8 的运行效果发现，X 轴和 Y 轴有缩放，而 Z 轴却没有变化，当单独使用 scaleX()、scaleY() 和 scaleZ() 方法的时候同样 X 轴和 Y 轴有缩放，而 Z 轴却没有变化。在这里要注意一下，scaleZ() 和 scale3d() 函数单独使用时 Z 轴的缩放没有任何效果，需要配合其他的转换函数一起使用才会有效果。

下面我们来看示例 9，在很多网站，尤其是建筑类网站中，经常出现从不同的视角中查看房屋建筑，通常是使用 Flash 或者直接使用图片实现，通过 CSS3 的 3D 转换也能实现同样的效果，通过上下左右几张图片拼接就能实现 3D 图像效果。

⊃示例 9

```
<!DOCTYPE html>
<html>
<head>
    <title>3D 立体视角</title>
    <meta charset='utf-8'/>
    <style type="text/css">
        body {
            -webkit-perspective: 450px;/*由于篇幅所限，浏览器前缀在此处没有列出*/
            -webkit-transform-style: preserve-3d;
            overflow: hidden;
        }
        .out {
            height: 1000px; width: 1000px;
            margin: 0 auto; position: relative;
            -webkit-transform-style: preserve-3d;
        }
        .out div {
```

```
            height: 1000px;width: 1000px;
            -webkit-transform-style: preserve-3d;
            position: absolute;
        }
        .out div:nth-of-type(1) {
            -webkit-transform: rotateY(0deg) translateZ(-500px);
            background: url(a/3.jpg) 0 0 no-repeat;
            background-size: cover;
        }
        .out div:nth-of-type(2) {
            -webkit-transform: rotateY(90deg) translateZ(-500px);
            background: url(a/2.jpg) 0 0 no-repeat;
            background-size: cover;
        }
        .out div:nth-of-type(3) {
            -webkit-transform: rotateY(180deg) translateZ(-500px);
            background: url(a/1.jpg) 0 0 no-repeat;
            background-size: cover;
        }
        .out div:nth-of-type(4) {
            -webkit-transform: rotateY(270deg) translateZ(-500px);
            background: url(a/4.jpg) 0 0 no-repeat;
            background-size: cover;
        }
        .out div:nth-of-type(5) {
            -webkit-transform: rotateX(90deg) translateZ(-500px) rotatez(180deg);
            background: url(a/6.jpg) 0 0 no-repeat;
            background-size: cover;
        }
        .out div:nth-of-type(6) {
            -webkit-transform: rotateX(-90deg) translateZ(-500px) rotatez(180deg);
            background: url(a/5.jpg) 0 0 no-repeat;
            background-size: cover;
        }
    </style>
</head>
<body>
<div class='out'>
    <div></div><div></div><div></div><div></div><div></div><div></div>
</div>
</body>
</html>
```

显示效果如图 4.20 所示。

图 4.20　3D 转换综合使用

操作案例 3：鼠标悬停 3D 立体效果图

需求描述

利用 CSS3 的 3D 转换实现以下动态效果。

● 页面原始效果如图 4.21 所示。

● 图片要有阴影。

● 当鼠标移至图片上时，结果如图 4.22 所示。

完成效果

图 4.21　初始效果图

图 4.22　结束效果图

技能要点

box-shadow、transform-style: preserve-3d、perspective、rotateX、transform-origin、:hover 等元素的使用。

关键代码

```
/*设置 a 标签的宽高及阴影*/
display: block;
        width: 300px;
        height: 437px;
        box-shadow: -7px 10px 10px #333;
/*设置旋转角度*
transform: rotateX(60deg) rotateY(3deg) rotatez(-25deg);
/*设置在 X 轴、Y 轴和 Z 轴上旋转的起始位置*/
transform-origin: 50% 50% 100px;
```

实现步骤

（1）打开素材文件，给 a 标签设置宽度、高度和背景图片。

（2）设置 div 支持 3D 转换和视角距离。

（3）设置 a 标签的 X 轴、Y 轴和 Z 轴的旋转。

（4）使用 transform-origin 设置旋转的起始位置。

（5）在 a 标签的鼠标悬停样式中修改旋转角度和阴影效果（动画结束时阴影效果消失）。

素材准备

登录课工场 http://www.kgc.cn/，下载素材。

操作案例 4：制作立方体效果

需求描述

利用 CSS3 的 3D 转换实现如图 4.23 所示的立方体效果。

完成效果

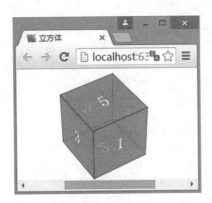

图 4.23　立方体

技能要点

制作立方体实际上就是设置 6 个 div 元素，将元素背景设置为透明，使用 3D 位移、3D 旋转等操作方法移动 div 的位置，组成立方体。主要的技能：

（1）使用 CSS3 设置透明背景。

（2）CSS 3D 场景的设置。

（3）水平旋转和垂直旋转的用法。

（4）CSS 3D 位移与旋转同时使用。

（5）使用 perspective 设置 3D 视距。

关键代码

```
/*设置 HTML 结构*/
<div class="wrapper w1">
    <div class="cube">
            <div class="side front">1</div>
            <div class="side back">6</div>
            <div class="side right">4</div>
            <div class="side left">3</div>
            <div class="side top">5</div>
            <div class="side bottom">2</div>
    </div>
</div>
/*设置 3D 舞台*/
.cube {
            font-size: 32px;
            width: 100px;
            margin: 50px auto;
            transform-style:preserve-3d;
/*将 3D 舞台进行旋转，让正方体斜对着用户，显示出正方体的侧面效果，如果不旋转的话，则只有正
面面对观众，就看不到正方体的侧面了*/
            transform: rotateX(-40deg) rotateY(32deg);
};
/*分别设置上、下、左、右、前、后 6 个面的旋转和位移*/
.front {
            transform: translateZ(50px);
}
.top {
            transform: rotateX(90deg) translateZ(50px);
}
.right {
            transform: rotateY(90deg) translateZ(50px);
}
.left {
            transform: rotateY(-90deg) translateZ(50px);
}
.bottom {
            transform: rotateX(-90deg) translateZ(50px);
}
.back {
            transform: rotateY(-180deg) translateZ(50px);
}
```

实现步骤

（1）创建一个 div 作为 3D 效果的舞台。

（2）在 3D 舞台之内再添加 6 个 div 用于制作立方体的 6 个面。

（3）修改正方体 6 个面的样式使背景色透明。

（4）设置舞台视距。

（5）分别设置 6 个面的旋转角度和位移。

本章总结

- CSS3 2D 转换：transform、translate、rotate、scale、skew。
- 如果想要某一个元素进行 3D 转换，必须在父元素上添加 transform-style，而且该属性值必须设置为 preserve-3d。
- CSS3 3D 转换：transform、transform-origin、transform-style、perspective。
- translate3d、rotate3d、scale3d。
- scaleZ()和 scale3d()函数单独使用时 Z 轴的缩放没有任何效果，需要配合其他的转换函数一起使用才会有效果。

本章作业

1. 请说出 2D 转换的几个方式以及实现相应方式的方法。

2. 按照你的理解说一下 3D 转换需要的主要属性。

3. 结合本章所学内容实现照片墙功能。

- 按图 4.24 制作网页，实现照片墙功能
- 注意照片有圆角效果和阴影效果。
- 当鼠标悬停到照片时，显示效果为水平向上（和图 4.24 中展示的第一张小狗照片相同）。

图 4.24　照片墙

4. 请使用 CSS 实现立体照片墙效果，如图 4.25 所示。

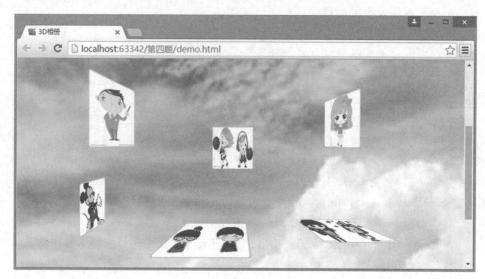

图 4.25　立体照片墙

5. 请登录课工场，按要求完成预习作业。

第 5 章

CSS3 动画

本章技能目标

- 掌握通过 CSS3 的过渡方式制作网页动画效果
- 掌握通过 CSS3 的动画方式制作网页动画效果

本章简介

无论是国内网站还是国外网站,动画都在网页上有着举足轻重的作用。动画在网页上随处可见,已经成为网上活力的标志,广泛用于广告、导航、步骤展示等。在静态页面中,如果把这些元素做成动画形式的话,无疑能起到生动、装饰的作用,能充分调动浏览者的情绪。

在 CSS3 之前,网页上做动画主要有两种方式,一是使用 Flash,二是使用 JavaScript,这两种方式都需要网页设计人员单独学习 Flash 和 JavaScript 以及 jQuery 技术,且 Flash 和 JavaScript 制作的动画在页面加载的时候都需要占用资源。而 CSS3 的动画能避免上面提到的问题。

使用 CSS3 制作动画有两种方式:一种是过渡方式,另外一种是动画方式。这两种方式都是通过改变 CSS 中的属性来产生动画效果。如通过改变元素的大小、位移、背景色等从一种状态过渡到另外一种状态。但是过渡方式只能做一些简单的动画,如果要制作更加复杂的动画,需要使用 CSS3 的动画方式。

1 transition 属性

在 CSS2 的时代，过渡常常是非常简单的，要么是从一种颜色变成另外一种颜色，要么是从不透明变到透明，总而言之就是由一种状态变到另外一种状态。这样的页面给人的感觉很突兀，从一种状态突然变成另外一种状态，中间没有一个平滑的过渡过程。

虽然可以使用 DHTML 或者比如 jQuery 等其他第三方的库文件来完成过渡效果，但是为了完成一个简单的效果，我们就需要引入第三方的文件以及编写大量的编码，这明显不是一个好方法。我们所需要的就是用一种简单的方法来实现这些过渡。

CSS3 已经添加过渡的概念，CSS3 的过渡是元素从一种样式的效果逐渐变为另一种样式，是一种平滑的过渡。

浏览器对过渡效果的支持如下所示：

- Internet Explorer 10、Firefox、Chrome 以及 Opera 支持 transition 属性。
- Safari 需要前缀-webkit-。
- Internet Explorer 9 以及更早的版本，不支持 transition 属性。
- Chrome 25 以及更早的版本，需要前缀-webkit-。

过渡效果的语法如表 5.1 所示。

表 5.1　过渡效果的属性

属性	描述
transition	简写属性，用于在一个属性中设置四个过渡属性
transition-property	规定应用过渡效果的 CSS 属性的名称
transition-duration	规定过渡效果花费的时间，默认是 0
transition-timing-function	规定过渡效果的时间曲线，默认是 ease
transition-delay	规定过渡效果何时开始，默认是 0

transition-property 属性规定应用过渡效果的 CSS 属性的名称。比如 height，width，left，background 等。none 表示没有属性执行过渡效果。all 表示所有属性都有过渡效果。过渡效果通常需要用户的操作如悬停、获取焦点等方式触发。

transition-duration 属性规定过渡效果花费的时间。默认是 0，单位是秒或毫秒。如果想实现过渡效果，必须设置 transition-duration 属性。

transition-timing-function 属性规定过渡效果随着时间来改变其速度。默认是 ease。其值见表 5.2。

表 5.2　transition-timing-function 的值

值	描述
linear	匀速过渡效果（等于 cubic-bezier(0,0,1,1)）
ease	规定慢速开始，再变快，然后慢速结束的过渡效果（cubic-bezier(0.25,0.1,0.25,1)）
ease-in	规定以慢速开始的过渡效果（等于 cubic-bezier(0.42,0,1,1)）

值	描述
ease-out	规定以慢速结束的过渡效果（等于 cubic-bezier(0,0,0.58,1)）
ease-in-out	规定以慢速开始和结束的过渡效果（等于 cubic-bezier(0.42,0,0.58,1)）
cubic-bezier(n,n,n,n)	在 cubic-bezier 函数中定义自己的值。可能的值是 0 至 1 之间的数值

transition-delay 属性规定了动画的延迟时间，表示在用户动作结束后，动画何时开始。

下面通过示例 1 演示一下上述几个过渡属性。

➲示例 1

```
<html lang="en">
<head>
    <meta charset="UTF-8">
        <title> transition 过渡效果</title>
    <style>
        div {
                width: 100px;
                height: 100px;
                background: pink;
        }
        div:hover{
                width:200px;
        }
    </style>
</head>
<body>
<div></div>
</body>
</html>
```

页面效果是一个宽度和高度都为 100px 的粉色 div，当鼠标悬停到 div 上时，宽度变成 200px，只不过是瞬间由 100px 变成 200px，并没有过渡效果。

由于要在 div 上实现过渡效果，因此修改 div 的样式，如下所示：

```
div {
        width: 100px;
        height: 100px;
        background: pink;
        -webkit-transition-property: width;
        -moz-transition-property: width;
        -ms-transition-property: width;
        -o-transition-property: width;
        transition-property: width; /*设置 CSS 过渡属性为 width*/
        -webkit-transition-duration: 3s;
        -moz-transition-duration: 3s;
        -ms-transition-duration: 3s;
```

```
        -o-transition-duration: 3s;
        transition-duration: 3s;              /*设置过渡完成时间为 3 秒*/
        /*浏览器兼容性和上面代码相同*/
        transition-delay: 1s;                 /*设置过渡延迟为 1s*/
        transition-timing-function:ease-in;   /*设置过渡速度曲线为 ease-in*/
}
```

当鼠标悬停在 div 上时，1 秒后开始动画，以慢速开始以后加快，3 秒后完成动画。上面的代码页可以使用简写方式，效果相同。

```
div {
        width: 100px;
        height: 100px;
        background: pink;
        -webkit-transition: width 3s 1s ease-in;
        -moz-transition: width 3s 1s ease-in;
        -ms-transition: width 3s 1s ease-in;
        -o-transition: width 3s 1s ease-in;
        transition: width 3s 1s ease-in;
}
```

用户在使用浏览器上网时，网页总是从一个页面跳转到另一个页面。在很多时候，为了节省带宽，简化用户操作，经常涉及到元素的切换。比如一些图片网站，当用户打开一个页面时，同时加载多张图片，避免了用户需要点击链接跳转页面而重新加载图片。如果几张图片在同一个页面，用户点击图片时，不需要跳转，只需要隐藏当前图片，显示下一张图片。为了增强用户体验，不使用直接显示/隐藏图片，而是使用一些类似幻灯片的过渡效果，示例 2 演示了网页中常见的图片切换过渡效果。

⊃ 示例 2

```
<!doctype html>
<html lang="en">
 <head>
  <meta charset="UTF-8">
  <title>图片切换过渡</title>
    <style>
        div {
                width: 165px;height: 220px;
                background-image:url(a.jpg);
                -webkit-transition: all 3s 1s ease-in;
                -moz-transition: all 3s 1s ease-in;
                -ms-transition: all 3s 1s ease-in;
                -o-transition: all 3s 1s ease-in;
                transition: all 3s 1s ease-in;
        }
        div:hover{
            background-image:url(b.jpg);
        }
```

```
    </style>
  </head>
  <body>
    <div></div>
  </body>
</html>
```

示例 2 同时修改了宽度、高度和背景图片，由于同时修改多个属性，使用 transition-property 需要设置很多次 CSS 属性，因此可以将 transition-property 设置为 all，表示所有属性都更改。示例 2 中动画之前和动画之后的效果如图 5.1 和图 5.2 所示。

图 5.1　动画初始效果

图 5.2　动画结束效果

图片是 Web 页面中非常重要的元素。很多网站上都用图片展示信息，通常图片都是水平或竖直按顺序排列，但是在个人展示型网站中（如个人博客），用户有很大的随意性放置自己的图片等内容，比如博客中个人相册中的照片，不是平铺在页面上，而是模拟现实中照片的散放、堆叠效果。这些个性优美的相册通过 CSS 可实现。示例 3 演示了个人相册的制作方法（由于本示例代码比较多，此处只写出部分代码，读者可在课工场网站下载对应的代码查看）。

⟳示例 3

```
<!DOCTYPE html>
<html lang="en">
  <head>
    <meta charset="UTF-8">
    <title>电子相册</title>
    <style type="text/css">
      a.polaroid {
          display: block;
          text-decoration: none;
          color: #333;
          padding: 10px 10px 20px 10px;
          width: 150px;
          border: 1px solid #BFBFBF;
          background-color: white;
          z-index: 2;
          font-size: 0.7em;
          -webkit-box-shadow: 2px 2px 4px rgba(0, 0, 0, 0.3);
```

```
                -moz-box-shadow: 2px 2px 4px rgba(0, 0, 0, 0.3);
                box-shadow: 2px 2px 4px rgba(0, 0, 0, 0.3);
                -moz-transition: all 0.5s ease-in;/*动画效果*/
                -ms-transition: all 0.5s ease-in;
                -o-transition: all 0.5s ease-in;
                transition: all 0.5s ease-in;
            }
        a.polaroid:hover,
        a.polaroid:focus,
        a.polaroid:active {
                z-index: 999;
                border-color: #6A6A6A;
                -webkit-box-shadow: 15px 15px 20px rgba(0, 0, 0, 0.4);
                -moz-box-shadow: 15px 15px 20px rgba(0, 0, 0, 0.4);
                box-shadow: 15px 15px 20px rgba(0, 0, 0, 0.4);
                -webkit-transform: rotate(0deg) scale(1.05);
                -moz-transform: rotate(0deg) scale(1.05);
                transform: rotate(0deg) scale(1.05);
            }
    /*相似代码省略*/
      </style>
    </head>
    <body>
    <div class="photo-album">
        <h1><span>Nat <abbr title="and" class="amp">&amp;</abbr> Simon in New Zealand</span></h1>
        <a href="#" class="large polaroid img1"><img src="img/volcanic.jpg" alt="">This breathtaking volcanic
lake is at Wai-O-Tapu Thermal Wonderland</a>
        <a href="#" class="polaroid img2"><img src="img/waterfall.jpg" alt="">This lovely waterfall was at
Rotorua in Rainbow Springs</a>
      /*其余相似代码省略*/
    </div>
    </body></html>
```

示例 3 的效果如图 5.3 所示，当鼠标移入图片时，图片显示在相册之前，鼠标移除时图片回到原位。

图 5.3　电子相册

在第 4 章作业 3 中，我们实现了照片墙功能，当时照片的旋转是很突兀的，可以根据刚刚学习的过渡内容为照片墙做动画，因为修改的是图片，而图片在 li 内部，所以在 li 元素的样式中添加动画代码即可。

⊃ 示例 4

```
<!doctype html>
<html lang="en">
 <head>
  <meta charset="UTF-8">
  <title>照片展示动画效果</title>
  <link href="css/style.css" rel="stylesheet"/>
    <style>
       .container li{
          float:left;width:170px;margin:15px 10px;
          padding:5px;border-radius:5px;
          box-shadow:0 0 2px rgba(0,0,0,.5);
          -webkit-transition: transform 2s 0s ease;
          -moz-transition: transform 2s 0s ease;
          -ms-transition: transform 2s 0s ease;
          -o-transition: transform 2s 0s ease;
          transition: transform 2s 0s ease;/*增加的过渡效果的代码*/
       }
    </style>
 </head>
 <body>
   <div class="container">
     <ul class="img-list">
        <li><img src="img/pic_01.png"/></li>
        <li> img src="img/pic_02.png"/></li>
        <li><img src="img/pic_03.png"/></li>
        <li><img src="img/pic_04.png"/></li>
        <li><img src="img/pic_05.png"/></li>
        <li><img src="img/pic_06.png"/></li>
        <li><img src="img/pic_01.png"/></li>
        <li><img src="img/pic_02.png"/></li>
        <div class="clear"></div>
     </ul>
   </div>
 </body>
</html>
```

运行示例 4 的代码，当将鼠标放在图片上时，图片会在 2 秒中内完成旋转效果。其视觉效果要比没有过渡好许多。

transition 在执行过渡动画时，采用的方式是先指定元素某一属性的初始状态和结束状态，然后在两个状态之间进行平滑过渡。不过过渡需要用户触发才能有动画效果，通常过渡效果主要是通过伪类（:hover、:focus、:active 等）以及 JavaScript 事件触发。

表 5.3 列出了可应用过渡效果的常用 CSS 属性。

表 5.3　可应用过渡效果的常用属性

CSS 属性	改变的对象
background-color	色彩
background-image	只是渐变
background-position	百分比，长度
color	色彩
font-size	百分比，长度
font-weight	数字
height，left，top，bottom	百分比，长度
letter-spacing	长度
line-height	百分比，长度，数字
margin	长度
z-index	正整数
opacity	数字
text-indent	百分比，长度
text-shadow	阴影
padding	长度

使用 transition 时要注意，不是所有的 CSS 属性都支持 transition，表 5.3 只是列出了比较常用的属性，完整的属性支持列表以及具体的效果请查看网站 http://oli.jp/2010/css-animatable-properties/。该网站给出了 transition 具体支持的 CSS 属性。

另外使用 transition 需要明确设置开始状态和结束状态的具体数值，才能计算出中间状态。比如，height 从 0px 变化到 100px，transition 可以算出中间状态，但是，transition 无法算出 0px 到 auto 的中间状态。也就是说，如果开始状态或结束状态的设置是 height: auto，那么就不会产生动画效果。

transition 的优点在于简单易用，但是它有几个很大的局限。

● transition 需要事件触发，所以没法在网页加载时自动发生。如果需要加载时发生就要依靠 JavaScript。
● transition 动画只能执行一次，不能重复发生，除非再次触发。
● transition 只能定义开始状态和结束状态，不能定义中间状态。
● 一条 transition 规则，只能定义一个属性的变化，不能涉及多个属性。

操作案例 1：鼠标悬停 3D 立体效果图

需求描述

在第 4 章的操作案例 3 中，当鼠标悬停到图片时，图片直立的过程显得很单调，并不像实际将照片由水平变成直立的效果，主要原因是没有过渡效果，请在本案例中添加过渡效果。各效果分别如图 5.4、图 5.5、图 5.6 所示。

完成效果

图 5.4 初始效果图

当鼠标移入图片区域时，图片具有立体浮起的效果，图片浮起的时候添加阴影，效果如图 5.5 所示。

图 5.5 过渡效果图　　　　　　　　　　　图 5.6 结束效果图

技能要点

- CSS3 过渡属性 transition 的使用。
- 使用 rotate 设置图片在 X 轴、Y 轴和 Z 轴上的旋转。
- 使用 transform-origin 设置旋转围绕的中心位置。
- 使用 transition 实现过渡效果。

关键代码

```
//设置 3D 场景
-webkit-perspective: 1200px;
perspective: 1200px;//设置视距为 1200px
-webkit-transform-style: preserve-3d;
```

```
transform-style: preserve-3d;
//设置图片阴影
box-shadow: -7px 10px 10px #333;
//设置图片在 X 轴、Y 轴和 Z 轴上的旋转
transform: rotateX(60deg) rotateY(3deg) rotateZ(-25deg);
//设置图片旋转围绕的中心位置
transform-origin:50% 50% 100px;
-ms-transform-origin:50% 50% 100px;
-webkit-transform-origin:50% 50% 100px;
-moz-transform-origin:50% 50% 100px;
//设置过渡效果
transition: all 1s ease-out;
```

实现步骤

（1）在最外层容器中设置 3D 场景，定义 3D 视距，否则不会显示 3D 效果。

（2）设置图片的宽度和高度以及阴影效果。

（3）设置元素初始状态的 3D 旋转角度以及旋转围绕的中心位置：transform: rotateX(60deg) rotateY(3deg) rotateZ(-25deg);。

（4）定义动画过渡属性。

（5）鼠标移入图片时改变图片的阴影位置和颜色，同时改变旋转角度，将旋转状态设置为初始不旋转状态：transform: rotate3d(0, 0, 0, 0deg);。

2　animation 属性

在 CSS3 中除了使用 trasition 功能（过渡）实现动画效果以外，还可以使用 animation 功能实现更为复杂的动画效果（读者同样可以在http://caniuse.com网站上验证哪种浏览器支持 animation 功能）。

animation 是一个复合属性，它的功能与 transition 相同，都是通过改变元素的属性值来实现动画效果，不同点在于 transition 只能通过指定属性的开始值和结束值，然后在这两个值之间进行平滑的过渡，进而实现动画效果。而 animation 通过定义多个关键帧以及定义每个关键帧中元素的属性值来实现更为复杂的动画效果。创建动画分为两步，第一步是创建动画，第二步是在对应元素上使用动画。

2.1　创建动画

通过@keyframes 能够在 HTML 中创建动画,所谓的动画就是指在一定时间内将一套 CSS样式逐渐变化为另一套样式。在动画演示过程中，能够多次改变这套 CSS 样式，以百分比来规定改变发生的时间，或者通过关键词 from 和 to，等价于 0%和 100%。0%是动画的开始时间，100%是动画的结束时间。通常为了获得最佳的浏览器支持，应该始终定义 0%和 100%选择器。@keyframes 的语法规则如下：

```
@keyframes animationname {
    keyframes-selector {
```

```
            css-styles;
        }
    }
```

对@keyframes 各个属性的描述见表 5.4。

表 5.4　@keyframes 属性

类型	说明
animationname	必需。定义动画的名称
keyframes-selector	必需。定义动画时长的百分比 合法的值： 　　0%～100% 　　from（与 0%相同） 　　to（与 100%相同）
css-styles	必需。一个或多个合法的 CSS 样式属性

依据上述语法，创建示例 5。

○示例 5

```
<html lang="en">
<head>
    <meta charset="UTF-8">
    <title>创建动画</title>
    <style>
        div {
            width: 100px;
            height: 100px;
            background: pink;
        }
        @keyframes name1 {
            0% {
                width: 120px;
            }
            25%{
                width:200px;
            }
            50%{
                width:300px;
            }
            100%{
                width:500px;
            }
        }
    </style>
</head>
<body>
```

```
<div></div>
</body>
</html>
```

在示例 5 中，首先创建 div 元素，设置 div 宽度、高度都为 100px，背景色为 pink，再通过@keyframes 创建动画，设置动画的名字为 name1。在动画中创建了 4 个关键帧。关键帧是计算机动画术语，帧就是动画中最小单位的单幅影像画面，相当于电影胶片上的每一个镜头。关键帧指角色或者物体运动或变化中的关键动作所处的那一帧。示例 5 分别将动画开始时（0%），动画执行到 25%、50%以及动画最后（100%）时设置为关键帧，表示在这 4 个时间动画元素的动作是关键动作。

0%的关键帧处设置宽度为 120px，动画执行到 25%和 50%时分别设置宽度为 200px 和 300px，最后以 500px 结束。

示例 5 中已经把动画创建完成，但与 div 元素并没有关联，如何使元素与对应的动画相关联，这里需要执行第二步——使用动画。

2.2　使用动画

CSS3 的 animation 属性类似于 transition 属性，两者都是随着时间改变元素的属性值。主要区别是 transition 需要一个触发事件（伪类或者 JavaScript 事件等）才会随时间改变其 CSS 属性。而 animation 在不需要触发任何事件的情况下也可以显式地随着时间变化来改变元素的 CSS 属性值，从而达到一种动画的效果。这样我们就可以直接在一个元素中调用 animation 的动画属性。

animation 只应用在页面中已存在的 DOM 元素上，而且它和 Flash、JavaScript 以及 jQuery 制作出来的动画效果不同。虽然使用 animation 制作动画可以省去复杂的 JavaScript 或 jQuery 代码，但是仍旧有一点不足之处：运用 animation 能创建用户想要的一些动画效果，但是有点粗糙。如果想要制作比较好的动画，建议读者还是使用 Flash 或 jQuery 等。

animation 和 transition 一样有自己相对应的属性，而且用法基本相同，主要有以下几种属性：

- animation-name：用来定义一个动画的名称，可以是由 keyframes 创建的动画名，也可以是默认值 none。当值为 none 时，将没有任何动画效果。
- animation-duration：用来指定元素播放动画所持续的时间，取值为数字，单位为 s（秒）。其默认值为 0，表示没有任何动画效果。
- animation-timing-function：指元素根据时间的推进来改变属性值的变换速率，也就是动画的播放方式。和 transition 中的 transition-timing-function 用法一样，参见表 5.2。
- animation-delay：指定元素动画延迟时间。取值为数值，单位为 s（秒），默认值为 0。该属性和 transition-delay 的用法完全相同。
- animation-iteration-count：用来指定元素播放动画的循环次数，其默认值为 1，infinite 表示无限次数循环。
- animation-direction：用来指定元素动画播放的方向，只有两个值，即 normal 和 alternate。默认值为 normal，如果设置为 normal，动画的每次循环都是向前正常播放；如果设置为 alternate，动画轮流反方向播放，即动画在奇数次向前播放，偶数次向反方向播放（次数从 1 开始）。

● animation-play-state：主要是用来控制元素的动画播放状态，即暂停还是继续播放。该属性目前浏览器支持得很不好，在此简单讲解，不做赘述。

animation 属性可简写：

```
animation:name duration timing-function delay interation-count direction;
```

例如：

```
animation:none 0s ease 0s 1 normal;
```

上述代码表示应用动画名称为 none，动画持续时长为 0 秒，播放方式为 ease，动画延迟时间为 0 秒，循环 1 次，正常播放。

修改示例 5，在 div 中增加应用动画的样式属性：

```
div {
    width: 100px;
    height: 100px;
    background: pink;
    /*在 div 中使用动画，属性包括动画名称，持续时间（3s），延迟时间，播放方式，
    循环次数，是否往返执行*/
    -webkit-animation: name1 3s 0s ease infinite alternate;
    -o-animation: name1 3s 0s ease infinite alternate;
    animation: name1 3s 0s ease infinite alternate;
}
```

依上述代码，当页面加载时 div 在 3 秒内宽度由 100px 变为 500px，变化速度由慢变快，奇数次数正常播放，偶数次数反向播放，持续循环。

示例 5 中创建动画的代码在不同的浏览器中会存在兼容性的问题，因此需要设置浏览器前缀，保证在任意的浏览器中都能执行。

```
@-webkit-keyframes name1 {
    0% {width: 120px;}
    25% {width: 200px;}
    50% {width: 300px;}
    100% {width: 500px;}
}
@-o-keyframes name1 {
/*动画代码与@-webkit-keyframes name1 相同，此处省略*/
}
@-moz-keyframes name1 {
/*动画代码与@-webkit-keyframes name1 相同，此处省略*/
}
@keyframes name1 {
/*动画代码与@-webkit-keyframes name1 相同，此处省略*/
}
```

在实际开发中需要添加浏览器的兼容性代码，在本章中相同的部分代码不再列出。

上面的内容讲解的是通过改变元素的宽度制作动画，还可以通过其他的方式修改动画效果。在@keyframes 内部的选择器内可添加任何改变样式的 CSS 代码，比如修改颜色、背景、位置等具有视觉效果的代码，通过这些代码，能实现丰富的动画效果。

在使用胶片播放电影的时代，在胶片上有很多连续的图片，通过在一定时间内按顺序切

换图片，可使观众看到动态的画面，这个效果通过 CSS 也能实现。在网页上有很多动画都是通过短时间按顺序改变背景图片来实现的。比如网页要求实现小羊奔跑的动画效果，就可以通过改变背景实现。首先准备 4 张图片，分别表示小羊奔跑的 4 个动作，如图 5.7 所示。然后将这 4 张图片分别作为关键帧，在 0.5 秒内按顺序完成这 4 张图片的背景变换，就能形成动画效果了，见示例 6。

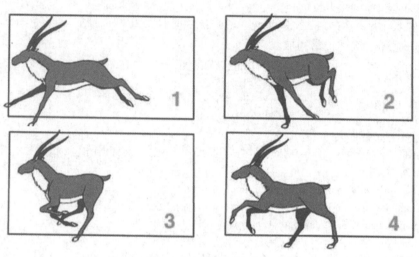

图 5.7 小羊的奔跑过程

➲ 示例 6

```
<!DOCTYPE html>
<html lang="en">
<head>
    <meta charset="UTF-8">
    <title>奔跑的小羊</title>
    <style>
        div {
            margin: 0 auto;width: 259px; height: 150px;
            background-image: url(a.png);
            /*引用动画 name1，照顾到动画效果，动画完成时间是 0.5 秒*/
            animation: name1 0.5s 0s ease infinite alternate;
        }
        @-webkit-keyframes name1 {
            /*分别在 0%、25%、50%、100%处设置关键帧，按顺序分别设置 4 张背景图片*/
            0% {
                background-image: url(a.png);
            }
            25% {
                background-image: url(b.png);
            }
            75% {
                background-image: url(c.png);
```

```
            }
        100% {
            background-image: url(d.png);
        }
    }
    @-o-keyframes name1 {
        /*分别在 0%、25%、50%、100%处设置关键帧，按顺序分别设置 4 张背景图片*/
        /*相同代码省略*/
    }
    @-khtml-keyframes name1  {
        /*分别在 0%、25%、50%、100%处设置关键帧，按顺序分别设置 4 张背景图片*/
        /*相同代码省略*/
    }
    @-moz-keyframes name1 {
        /*分别在 0%、25%、50%、100%处设置关键帧，按顺序分别设置 4 张背景图片*/
        /*相同代码省略*/
    }
    @keyframes name1 {
        /*分别在 0%、25%、50%、100%处设置关键帧，按顺序分别设置 4 张背景图片*/
        /*相同代码省略*/
    }
    </style>
</head>
<body>
<div></div>
</body>
</html>
```

页面效果如图 5.8 所示（读者可按示例 6 操作，在网页上查看动画效果）。

图 5.8　奔跑的小羊

示例 6 中使用的是改变背景图片的方法实现小羊奔跑的动画效果，还有一种动画效果是改变背景元素的位置，使背景元素进行移动，实现动画效果，如示例 7 所示。

⊃示例 7

```
<!DOCTYPE html>
<html lang="en">
```

```
<head>
    <meta charset="UTF-8">
    <title>进度条</title>
    <style>
        div{
            height: 25px;width:500px;margin:50px auto;
            background-image: url("bg.jpg");
            background-repeat:no-repeat;
            /*使用动画*/
            -webkit-animation:anibg 3s 0s linear infinite normal;
            -o-animation: anibg 3s 0s linear infinite normal;
            animation: anibg 3s 0s linear infinite normal;
            border:1px solid #ccc;
        }
        /*创建动画，使背景图片位置发生变化*/
        @-webkit-keyframes anibg {
            0% {
                background-position:-170px 0;
            }
            100% {
                background-position: 500px 0px;
            }
        }
        @-o-keyframes anibg {
            /*代码同上*/
        }
        @-moz-keyframes anibg {
            /*代码同上*/
        }
        @keyframes anibg {
            /*代码同上*/
        }
    </style>
</head>
<body><div></div></body>
</html>
```

示例 7 运行效果如图 5.9 所示。进度条向右移动，到最右侧后从左侧继续开始。

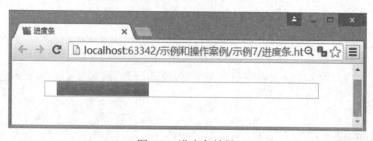

图 5.9　进度条效果

操作案例 2: 奔跑的小孩

需求描述

仿照示例 7 实现小孩奔跑的效果。该效果需要使用 7 张图片做背景,可以通过两种方式实现,方式一是通过切换 7 张图片来实现,方式二是将 7 张图片合成为 1 张,通过切换背景图片位置来实现。方式一实现起来比较简单,但会带来额外的 7 个请求。方式二需要设计雪碧图,并量取背景图片位置,多张图片合成雪碧图后图片数减少,还可以减少 7 个 HTTP 请求,因此这里使用第二种方式。雪碧图是一种 CSS 图像合并技术生成的图片,该方法是将若干小图标和背景图像合并到一张图片上,然后利用 CSS 的背景定位技术来显示需要显示的图片部分。本案例使用的雪碧图如图 5.10 所示。

图 5.10 背景雪碧图

通过使用 CSS 定位雪碧图,从而修改 div 的背景实现动画效果,实现效果如图 5.11 所示。

完成效果

图 5.11 奔跑的小孩

技能要点

- 使用@keyframes 创建动画。
- 使用 animation 使用动画。
- 使用 overflow: hidden;以及 div 设置网页。

关键代码

```
//创建动画,通过改变背景模拟动画效果
@-webkit-keyframes charector-1 {
    0% {
        background-position: 0 0;
```

```
        }
        14.3% {
            background-position: -180px 0;
        }
        28.6% {
            background-position: -360px 0;
        }
        42.9% {
            background-position: -540px 0;
        }
        57.2% {
            background-position: -720px 0;
        }
        71.5% {
            background-position: -900px 0;
        }
        85.8% {
            background-position: -1080px 0;
        }
        100% {
            background-position: 0 0;
        }
//在元素中使用动画
.charector {
    position: absolute;
    width: 180px;
    height: 300px;
    background: url(../img/charector.png) 0 0 no-repeat;
    -webkit-animation-name: charector-1;            /* 动画名称 */
    -webkit-animation-iteration-count: infinite;    /* 动画无限次播放 */
    -webkit-animation-timing-function: step-start;  /* 马上跳到动画每一结束帧的状态 */
    -webkit-animation-duration: 950ms;              /* 动画运行的时间 */
}
```

实现步骤

（1）创建 HTML 页面，在 div 中添加背景样式。

（2）设置 div 的宽度和高度，将溢出 div 的背景隐藏。

（3）设置动画效果，使图片背景移动。

（4）在 div 中使用动画。

素材准备

登录课工场 http://www.kgc.cn/，下载素材。

2.3 动画实战演练

下面通过几个操作案例再熟悉一下动画的使用步骤以及需要注意的地方。

在很多网站的首页都会出现跑马灯效果，用于在有限的空间添加更多的广告，跑马灯效果是一张图片（链接）在页面上显示若干秒，之后切换到下一张图片（链接）。几张图片每隔一段时间轮换播放，用户点击图片（链接）能够跳转到自己所需的页面，通常这种效果是由 JavaScript 等技术实现的。

使用 CSS3 同样也能实现跑马灯的动画效果，可以使用 animation 属性实现跑马灯动画重复播放。示例 8 演示了跑马灯效果的实现过程。

● 示例 8

```
<!DOCTYPE html>
<html lang="en">
<head>
    <meta charset="UTF-8">
    <title>动画导航</title>
    <style>
        .trans_box {
            width: 400px;margin: 20px;overflow: hidden;
        }
        .trans_image_box {
            width: 2000px;height: 300px;
            -webkit-animation: navbar1 8s 1s ease infinite normal;
            -o-animation: navbar1 8s 1s ease infinite normal;
            animation: navbar1 8s 1s ease infinite normal;
        }
        .trans_image {
            width: 400px;float: left;
        }
        .trans_image_trigger {
            padding-top: 10px; text-align: center;
        }
        @-webkit-keyframes navbar1 {
            0% { margin-left: 0px; }
            25% {margin-left: -400px; }
            50% { margin-left: -800px;}
            75% {margin-left: -1200px;}
            100% { margin-left: 0px;}
        }
/*兼容性代码省略*/
    </style>
</head>
<body>
<div class="trans_box">
    <div id="transImageBox" class="trans_image_box">
        <img class="trans_image" src="ps1.jpg"/>
        <img class="trans_image" src="ps2.jpg"/>
        <img class="trans_image" src="ps3.jpg"/>
```

```
                <img class="trans_image" src="ps4.jpg"/>
        </div>
</div>
</body>
</html>
```

示例 8 的运行效果如图 5.12 所示。

图 5.12　动画导航

操作案例 3：小球围绕圆弧旋转效果

需求描述

制作如图 5.13 所示的小球围绕圆弧匀速顺时针旋转效果。

完成效果

图 5.13　小球旋转静态图

技能要点

- CSS 动画的使用。
- 使用 CSS 的 border-radius 属性制作圆弧。
- 使用 CSS 的 rotate()方法改变小球的位置。

- 使用@keyframes 创建动画。
- 通过 animation 使用动画。

关键代码

```html
<!--定义 HTML 结构，所有的元素都是用 div 来实现-->
    <div id="container">
    <div id="boll"></div>
    </div>
    /*画圆弧和圆球，将圆球定位*/
    #container {
            width: 150px;
            height: 150px;
            border: 1px solid black;
            border-radius: 150px;
            -webkit-animation: con1 0.5s infinite ease;
            -o-animation: con1 0.5s infinite ease;
            animation: con1 0.5s infinite ease;     //使用动画
    }
    #boll {
            width: 25px;
            height: 25px;
            border: 1px solid black;
            border-radius: 25px;                //通过圆角制作圆形
            background: red;
            position: absolute;
            top: 75px;
    }
    //创建动画，为了动画细腻，每隔 5%旋转 18 度，到 100%时正好是 360 度，旋转一圈
    @keyframes con1 {
            0% {
                transform: rotate(0deg);
            }
            50% {
                transform: rotate(180deg);
            }
            100% {
                transform: rotate(360deg);
            }
    }
    @-webkit-keyframes con1 {
            ......
    }
    /*省略部分代码*/
```

实现步骤

（1）创建大 div 容器，利用 border-radius 制作圆弧。

（2）在 div 内部制作小球。

（3）创建动画，使外面的 div 进行旋转，视觉上是小球旋转。

（4）使用 transform 的 rotate 来实现旋转。

让小球围绕圆弧旋转实际上是使外面的容器旋转，从而在视觉上有小球旋转效果。

操作案例 4：实现风车效果

需求描述

制作如图 5.14 所示的风车效果，当页面加载时，扇叶围绕中心顺时针转动。

完成效果

图 5.14　风车静态图

技能要点

- CSS 选择器的使用。
- 使用 CSS 制作梯形。
- 使用 rotate 实现旋转。
- 使用 @keyframes 创建动画。
- 通过 animation 使用动画。

关键代码

```
<!--定义 HTML 结构，所有的元素都是用 div 来实现-->
<section>
    <div></div>
    <div></div>
    <div></div>
    <div></div>
    <div></div>
</section>
/*画风车柱子*/
div:nth-child(1) {
    height: 0;
    /*通过设置 div 的四条边框的宽度、样式和颜色，能够定义各种图形，如三角形、梯形等*/
    width: 10px;
```

```
        border-width: 0 20px 120px 20px;
        //设置上边框、左右边框、下边框的样式和颜色
        border-style: none solid solid;
        border-color: transparent transparent white;
        position: absolute;
        top: 260px;
        left: 45%;
}
div:nth-child(2){
        /*画风车轮盘*/
        width: 30px;
        height: 30px;
        background: white;
        /*通过设置元素的圆角半径等于元素宽度、高度的 50%，实现将元素变成圆形*/
        border-radius: 15px;
        position: absolute;
        top: 250px;left: 47.5%;
}
/*绘制扇叶的方法和绘制柱子完全相同，只不过要注意定位*/
/*三个扇叶的定位相同*/
        top:165px;
        left:49.7%;
/*旋转时围绕底部中心*/
        transform-origin: bottom;
/*给三个扇叶分别创建动画*/
@-webkt-keyframes rotate1{
        0%{
                /*第一个扇叶初始角度为 0 度*/
                transform: rotate(0deg);
        }
        100%{
                /*第一个扇叶转一圈为 360 度*/
                transform: rotate(360deg);
        }
}
@-webkt-keyframes rotate2{
        0%{
                /*第二个扇叶初始角度为 120 度*/
                transform: rotate(120deg);
        }
        100%{
                /*第二个扇叶转一圈为 480 度*/
                transform: rotate(480deg);
        }
}
@-webkt-keyframes rotate3{
```

```
        0%{
                transform: rotate(240deg);
        }
        100%{
                transform: rotate(600deg);
        }
}
/*在扇叶上使用动画，这里只列出第一个扇叶执行的动画，第二个扇叶和第三个扇叶执行的动画请读者
自己将代码补全*/
div:nth-child(3){
/*执行动画*/
        -webkit-animation: rotate1 2s linear infinite;
        animation: rotate1 2s linear infinite;
}
```

实现步骤

（1）制作风车的柱子，风车的柱子是一个等边的梯形，通过 width、height 属性配合 border 可以制作梯形。

（2）风车中间的轴可用 border-radius 实现。

（3）绘制风车扇叶的方法和绘制柱子相同。

（4）使用 transform 的 rotate 来实现旋转，在使用 rotate 时先要用 origin 定位旋转的圆心，这里要定位在元素的顶部。

（5）使用 @ keyframes 实现扇叶的旋转效果。

操作案例 5：实现动画广告效果

需求描述

制作如图 5.15 所示的动画广告效果，当页面加载时星星闪动，钻石周围的光环转动。

完成效果

图 5.15　动画广告效果

技能要点

- 使用 3D 位移方法。
- 使用 rotate 实现旋转。

- 使用@keyframes 创建动画。
- 通过 animation 使用动画。

关键代码

```html
<!--定义 HTML 结构, 所有的元素都是用 div 来实现-->
<header>
    <div class="mod_bg">
        <div class="bg1"></div>
    </div>
    <div class="main" id="J_main">
        <div class="mod_info1">
            <div class="mod_info1__flash mod_info1__f"></div>
            <div class="mod_info1__flash1 mod_info1__f"></div>
            <div class="mod_info1__flash2 mod_info1__f"></div>
            <div class="mod_info1__flash3 mod_info1__f"></div>
            <div class="mod_info1__logo1 mod_info1__logoall"></div>
            <div class="mod_info1__logo2 mod_info1__logoall"></div>
            <div class="mod_info1__logo3 mod_info1__logoall"></div>
        </div>
    </div>
</header>
/*创建动画*/
/*外部圆环顺时针旋转动画*/
@keyframes myfirst {
    from {
        -ms-transform: rotate(0);
        -webkit-transform: rotate(0);
        -o-transform: rotate(0);
        -moz-transform: rotate(0);
        transform: rotate(0);
    }
    to {
        -ms-transform: rotate(360deg);
        -webkit-transform: rotate(360deg);
        -o-transform: rotate(360deg);
        -moz-transform: rotate(360deg);
        transform: rotate(360deg);
    }
}
/*使用外部圆环顺时针旋转动画*/
.mod_info1__logo1 {
    -moz-animation: myfirst 8s linear infinite;
    -webkit-animation: myfirst 8s linear infinite;
    -o-animation: myfirst 8s linear infinite;
    animation: myfirst 8s linear infinite;
}
/*内部圆环逆时针旋转动画*/
```

5
Chapter

```css
@-webkit-keyframes myfirst2 {
    from {
        -ms-transform: rotate(360deg);
        -webkit-transform: rotate(360deg);
        -o-transform: rotate(360deg);
        -moz-transform: rotate(360deg);
        transform: rotate(360deg);
    }
    to {
        -ms-transform: rotate(0);
        -webkit-transform: rotate(0);
        -o-transform: rotate(0);
        -moz-transform: rotate(0);
        transform: rotate(0);
    }
}
/*使用内部圆环逆时针旋转动画*/
.mod_info1__logo2 {
    -moz-animation: myfirst2 6s linear infinite;
    -webkit-animation: myfirst2 6s linear infinite;
    -o-animation: myfirst2 6s linear infinite;
    animation: myfirst2 6s linear infinite;
}
/*星星隐藏、显示动画*/
@-webkit-keyframes flash {
    0%, 100%, 50% {
        opacity: 1;
    }
    25%, 75% {
        opacity: 0;
    }
}
/*使用星星隐藏、显示动画*/
.mod_info1__f {
    -webkit-animation: flash 5s 0.2s ease-in-out infinite both;
    -moz-animation: flash 5s 0.2s ease-in-out infinite both;
    animation: flash 5s 0.2s ease-in-out infinite both;
}
```

实现步骤

（1）创建 HTML 页面结构。

（2）创建基本的 CSS 样式。

（3）使用@ keyframes 创建动画。

（4）使用动画。

素材准备

登录课工场 http://www.kgc.cn/，下载素材。

本章所学习的 transition 属性（过渡方式）和 animation 属性（动画方式）都能够实现动画效果。过渡方式只通过指定属性的初始状态和结束状态，并在两个状态之间进行平滑过渡的方式实现动画效果，而动画方式的本质是通过类似 Flash 中的关键帧来创建动画，然后在 animation 中调用关键帧创建的动画，实现更为复杂的动画效果。

过渡是一种直观的效果，让 DOM 元素的某一个或几个属性在固定时间内从初始值变到结束值，而动画方式是指在一段固定的时间及某一频率内，改变一个或多个 CSS 值，从而达到视觉上的动画效果。

animation 的很多方面都是可以控制的，包括动画运行时间、开始值和结束值，还有动画的暂停和延迟时间等。

本章总结

- 使用 CSS3 创建动画有两种方式：过渡方式和动画方式。
- 过渡是元素从一种样式逐渐变为另一种样式的效果，是一种平滑的动画效果。
- 动画方式的本质是通过类似 Flash 中的关键帧来创建动画，然后在 animation 中调用关键帧创建的动画，实现更为复杂的动画效果。
- CSS3 创建的动画相对粗糙，如果需要更加细腻的动画，建议使用 Flash 或 JavaScript。

本章作业

1. 请说出什么是过渡，过渡的属性有哪些。
2. 请说出过渡方式和动画方式的区别。
3. 请使用动画实现如图 5.16 所示的小球弹跳效果。

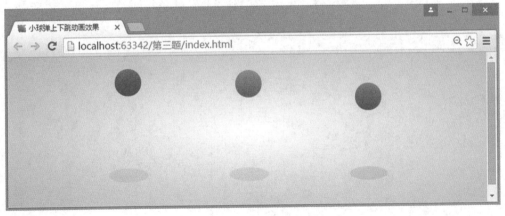

图 5.16　小球弹跳效果

4. 请参考操作案例 4 实现如图 5.17 所示的动画效果。

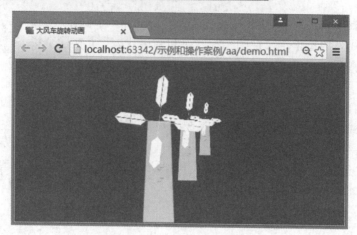

图 5.17　大风车效果

5. 请登录课工场，按要求完成预习作业。

第 6 章

多媒体播放

本章技能目标

- 掌握音频和视频的基础知识
- 熟练使用媒体元素、属性及事件打造个性的视频或音频播放器

本章简介

Web 上的多媒体应用经历了重大的改变，从最初的 GIF 动画，发展到现在随处可见的 MP3 音频，Flash 动画和各种在线视频。随着网络带宽的增加，更多的用户都是从网站上直接观看视频，而不是把它下载下来。但是，目前 Web 页面上没有标准的方式来播放视频或音频文件，大多数的视频或音频文件是使用插件来播放，而众多浏览器都使用了不同的插件，所以如果观看视频或听音频经常需要用户下载插件。

而 HTML5 的到来，给我们提供了一个标准的方式来播放 Web 中的音频文件，用户不需再为浏览器升级诸如 Adobe Flash、Apple QuickTime 等播放插件，只需使用现代浏览器就可以顺利播放视频或者音频文件。

1 在网页中播放视频或音频

1.1 在网页中播放视频或音频

现在，因视频本身特有的形象具体、多样化、动感、互动性强的特征，视频很容易被大家接受，越来越多的社会热点将会从网络视频中诞生，这是一个不可避免的趋势。这也让视频网站有了越来越广阔的用武之地，在社会发展中扮演越来越重要的角色。

视频是未来所有网站的必需品，不仅可用来看电影、电视剧，还可在门户网站上使用。而且，视频同文字、图片一样，已经是每个网站基础的内容元素、重要的组成部分，越来越多的企业会直接产生对视频的需要，例如视频直播、视频点播、视频教学、视频会议等。但网站的视频需要大量的服务器和足够的带宽支持，现在随着网络技术的发展，个人用户的带宽越来越大，基本上能满足用户的视频需求。

音频在网站上也有很大的作用，如百度音乐、腾讯音乐等主打音乐的网站，用户无需再把音乐下载到本地，直接在网页上就能收听。还有一些网站使用音频验证码，可以说音频的使用甚至多过视频的使用。

那么该如何在网页里播放视频或音频呢？

通常有两种方法引入视频或音频，一种是原始的 HTML 模式，另一种就是 HTML5 模式。首先看一下 HTML 模式是如何引入视频的。

```
<object classid="clsid:D27CDB6E-AE6D-11cf-96B8-444553540000" width="624" height="351" style="margin-top:
-10px;margin-left: -8px;" id="FLVPlayer1">
    <param name="movie" value="FLVPlayer_Progressive.swf" />
    <param name="quality" value="high" />
    <param name="wmode" value="opaque" />
    <param name="scale" value="noscale" />
    <param name="salign" value="lt" />
    <param name="FlashVars" value="&amp;MM_ComponentVersion=1&amp;skinName=public/swf/Clear_Skin_3
&amp;streamName=public/video/test&amp;autoPlay=false&amp;autoRewind=false" />
    <param name="swfversion" value="8,0,0,0" />
    <param name="expressinstall" value="expressInstall.swf" />
</object>
<!--其他代码省略-->
```

如此多的代码，所实现的效果实际上就是在网页中播放一段视频。在 HTML 中加入音频代码也一样纷繁复杂，在这里不要求大家掌握，就不再列出。

HTML 中的视频或音频播放都是通过特定标签及其属性引入视频或音频的路径，播放时调用引入的视频、音频文件，而且需要用于播放的浏览器中含有播放插件，如图 6.1 所示。

通过分析上面的代码会发现，在原始的 HTML 中添

图 6.1　浏览器缺少插件

加视频是一个非常复杂的过程，而且需要用户下载浏览器插件，如果插件有更新，用户也需要时时更新插件，否则视频同样不能播放。

　　HTML5 中大大减少了代码量，只需要 video 标签播放视频，audio 标签播放音频。用户无需下载、安装浏览器插件，只需要在支持 HTML5 的浏览器中观看即可。先通过示例 1 演示一下视频文件的播放方法。

⊃ 示例 1

```
<!doctype html>
<html lang="en">
  <head>
    <meta charset="UTF-8">
    <title>视频播放</title>
  </head>
  <body>
<!--播放视频的标签-->
  <video src="../video/video.ogg"></video>
  </body>
</html>
```

其中 src 是 video.ogg 文件的路径，运行效果如图 6.2 所示。

图 6.2　没有按钮的视频播放器

　　观察示例 1 的效果，虽然视频被引入到页面中，但是没有播放、暂停之类的按钮，一般的视频播放器都会有播放、暂停、最大化、最小化等按钮，没有这些功能性按钮，视频不能暂停、缩放，修改示例 1 的代码如下所示。

```
<video src="../video/video.ogg" controls></video>
```

　　运行效果如图 6.3 所示。在图 6.3 中可以看到，一个浏览器默认的播放器正在播放视频，默认的播放器具有播放、暂停、声音调节以及屏幕缩放等功能性按钮，基本能够实现常用的视频功能，注意示例 1 使用的是 Chrome 浏览器，不同浏览器的播放器的默认样式是不同的。

6
Chapter

图 6.3　带控制按钮的视频播放器

通过示例 1 可以看出如果在 HTML5 中添加视频无需很多的代码，只需要在页面中添加 video 标签，并且添加 controls 属性，即可在页面上实现视频播放效果。若不添加 controls 属性，视频将自动播放，而且不能控制。

```
<video src="视频地址" controls></video>
```

对比一下旧版本的 HTML 实现播放器的代码和 HTML5 实现播放器的代码。HTML 和 HTML5 都能实现相同的功能，但代码量差距非常大。下面的示例 2 演示了 HTML5 实现音频特效，与原始代码相比依旧差距很大。

⊃示例 2

```
<!doctype html>
<html lang="en">
<head>
    <meta charset="UTF-8">
    <title>播放音频</title>
</head>
<body>
<!--播放音频的标签-->
<audio src="../video/song.wav" controls></audio>
</body>
</html>
```

运行页面如图 6.4 所示。

图 6.4　音频播放器

播放音频的方法和在网页中播放视频一样，但使用的是 audio 元素，video 元素的属性和使用方法与 audio 元素基本类似。音频播放器如果没有 controls 属性，同样不能进行播放控制。因此，如果要实现播放控制，音频和视频都要加上 controls 属性。在页面上使用音频代码如下所示。

```
<audio src="音频地址" controls></audio>
```

刚才示例 1 和示例 2 都是在 Chrome 浏览器中运行，下面在 IE 浏览器中和 Firefox 浏览器中运行，效果分别如图 6.5 和图 6.6 所示（为了方便对比，将示例 1 和示例 2 合并在一起）。

图 6.5 IE 浏览器效果

图 6.6 Firefox 浏览器效果

同样的代码为什么在 Firefox 或者 Chrome 浏览器中支持，而在 IE 浏览器中不支持呢？其实主要原因是视频或音频文件的格式不同。视频或音频文件的格式不支持，自然也就不能播放。IE 浏览器对于 OGG 格式的视频及 WAV 格式的音频是不支持的，所以会出现无效源的错误页面效果。

常见的音频格式有 OGG，MP3，WAV 等。表 6.1 列出了各浏览器对音频格式的支持情况。

表 6.1 浏览器对音频格式的支持

	IE	Firefox 3.5	Opera 10.5	Chrome 3.0	Safari 3.0
OGG		√	√	√	
MP3	√			√	√
WAV		√	√		√

- OGG 全称是 Ogg Vorbis，是一种新的音频压缩格式，类似于 MP3 等现有的音频格式。它支持多声道，随着它的流行，以后可以用随身听来听 DTS 编码的多声道作品。
- MP3 是一种音频压缩技术，由于这种压缩方式的全称叫 MPEG Audio Layer 3，所以人们把它简称为 MP3。MP3 是利用 MPEG Audio Layer 3

的技术，将音频以 1：10 甚至 1：12 的压缩率，压缩成容量较小的文件，一般的 MP3 只支持两个声道。

- WAV 格式是微软公司开发的一种声音文件格式，也叫波形声音文件格式，是最早的数字音频格式，被 Windows 平台及其应用程序广泛支持。WAV 格式支持许多压缩算法，以及多种音频位数、采样频率和声道，采用 44.1kHz 的采样频率、16 位量化位数，因此 WAV 音频的音质与 CD 音频相差无几，但 WAV 格式对存储空间需求太大，不便于交流和传播。

因为浏览器对视频或音频文件支持的格式不同，所以为了兼容所有浏览器，可以使用 source 元素。在示例 3 中使用了 source 元素来链接不同的音频，浏览器会自动选择第一个可以识别的格式，不会加载其他的文件，因此不会影响浏览器的性能。

⊃示例 3

```
<!doctype html>
<html lang="en">
<head>
    <meta charset="UTF-8">
    <title>多浏览器支持音频</title>
</head>
<body>
<!--音频播放标签-->
<audio controls>
    <!--引用多个类型的视频，浏览器只加载第一个支持的文件-->
    <source src="../video/song.ogg" type="audio/ogg"/>
    <source src="../video/song.mp3" type="audio/mpeg"/>
    对不起，您的浏览器不支持 audio 元素。
</audio>
</body>
</html>
```

运行示例 3，发现在常见的这 5 个常用浏览器（IE、Firefox、Opera、Chrome、Safari）中都能够正常播放音频文件，但是所有的音频文件都需要在服务器上存储。

audio 元素之间的文本内容是为不支持 audio 元素的浏览器准备的替换内容，如果用户用的是老版本的浏览器，页面上就会显示这些文本信息。替换内容可以是文本，还可以是音频播放插件，或者是媒体文件的链接地址。

src 指向媒体文件地址，但是如果浏览器不支持指向的音频格式，就需要用到备用的音频文件。在示例 3 中，使用了两个 source 元素来指定音频文件，浏览器从上到下选择第一个支持的媒体文件进行播放。

另外还有一种暗示浏览器应该使用哪个媒体来源的方式，一个媒体容器可能会支持多种类型的编码器。而文件的扩展名可能会误让浏览器以为自己支持或者不支持某些格式的文件，如果 type 属性指定的类型与文件不匹配，浏览器有可能拒绝播放，因此如果知道浏览器支持某种类型，可以声明 type 属性，如果不知道，最好省略 type 属性。

目前常见的视频文件格式有 AVI、OGG、MP4、RM、RMVB 等。当前 video 支持三种视频格式：

OGG：带有 Theora 视频编码和 Vorbis 音频编码的 OGG 文件。

MPEG4：带有 H.264 视频编码和 AAC 音频编码的 MPEG4 文件。

WEBM：带有 VP8 视频编码和 Vorbis 音频编码的 WEBM 文件。

表 6.2 列出了浏览器对这三种格式的支持情况。

表6.2　常见视频格式

	IE	Firefox	Opera	Chrome	Safari
OGG	NO	3.5+	10.5+	5.0+	NO
MPEG4（MP4）	9.0+	NO	NO	5.0+	3.0+
WEBM	NO	4.0+	10.6+	6.0+	NO

通过表 6.1 和表 6.2 可以看出，在网页中加载音频或视频的时候，没有必要在服务器存储所有的音频或视频格式，音频文件只需存储 OGG 和 MP3、WAV 格式，视频文件只需存储 OGG 和 MP4、WEBM 格式，就基本上能包含所有的浏览器支持的格式。示例 4 演示了只在页面中添加 MP4 格式和 OGG 格式的视频文件。

●示例4

```
<!doctype html>
<html lang="en">
 <head>
  <meta charset="UTF-8">
  <title>多浏览器支持视频</title>
 </head>
 <body>
 <!--视频播放标签-->
 <video controls>
 <!--视频文件-->
  <source src="../video/vedio.mp4"   />
  <source src="../video/video.ogg" />
 </video>
 </body>
</html>
```

运行示例 4，在大部分浏览器中都能正常播放视频。当然不仅限于 MP4 和 OGG 这两种格式，如果开发人员再引入其他格式也不会有问题。

示例 3 和示例 4 分别演示了在浏览器中如何引入音频或视频，并且通过 controls 属性显示音频或视频的控制条。如果没有 controls，音频或视频将不能控制播放。因此，如果想控制播放音频或视频必须加上 controls。

在 audio 和 video 的属性中，还有两个比较重要的属性：autoplay 属性和 loop 属性。autoplay 表示音频或视频能在页面加载时自动播放，不需要用户控制开始播放。而 loop 表示音频或视频可以循环播放。代码如下所示。

Chapter

6

```
<video controls autoplay loop>
    <source src="video.ogg" />
    <source src="video.mp4" />
</video>
```

当加载页面时，视频便会自动并且循环播放。

video 标签的主要属性如表 6.3 所示。

表 6.3　video 的主要属性

属性	描述
src	视频的属性
poster	视频封面，没有播放时显示的图片，指向图片文件
preload	预加载
autoplay	自动播放
loop	循环播放
controls	播放器自带的控制条
width	视频宽度
height	视频高度

其中 poster 属性用于设置视频播放前的封面图片。用法如下：

```
<video controls="controls" poster ="cover/cover.jpg"></video>
```

当视频未播放时，显示在页面上的是 cover.jpg 图片。当点击按钮时 cover.jpg 图片隐藏，视频正常播放，如示例 5 所示。

○ 示例 5

```
<!DOCTYPE html>
<html lang="en">
<head>
    <meta charset="UTF-8">
    <title>视频封面</title>
</head>
<body>
<!--视频播放标签-->
<video controls="controls" poster ="cover/cover.jpg">
    <!--视频文件-->
    <source src="../video/vedio.mp4"  />
    <source src="../video/video.ogg" />
</video>
</body>
</html>
```

示例 5 运行结果如图 6.7 和图 6.8 所示，图 6.7 显示的是视频封面，图 6.8 显示的是视频播放过程中的页面。

图 6.7　视频封面

图 6.8　播放时隐藏图片

在实际的开发中，一种对视频或音频很好的处理方法是对其进行预先加载，这样可以提高页面的加载速度。HTML5 的标签提供了 preload 属性，preload 属性规定是否在页面加载后载入视频或音频。如果设置了 autoplay 属性，则该属性无效。preload 属性有三种值可供选择：

none：这个值指的是用户不需要对视频或音频进行预先加载，这样可以减少网络流量。比如一个视频播放网站，每一个页面都有好多视频，但只有当用户确认打开这些视频收看时，才通过网络进行加载，否则，如果页面上的很多视频同时加载，会占用大量的网络资源，而且加载速度也会非常非常得慢。

metadata：这个选项的值将告诉服务端，用户依然不想马上加载视频或音频，但需要预先获得视频或音频的元数据信息（比如文件的大小、时长等）。通常视频网站上的视频文件在加载时都会有时长显示，而不必等到用户点击视频播放时才显示，这可以通过设置 metadata 属性值来实现。

auto：这个选项表示视频或音频要实时播放，需要由服务器向用户计算机连续、实时传送。通常在播放前预先下载一段资料作为缓冲，用户不必等到整个文件全部下载完毕，而只需经过几秒或十几秒的启动延时即可进行观看。当视频或音频在客户电脑上播放时，文件的剩余部分将在后台从服务器内继续下载。如果网络连接速度小于播放的多媒体信息需要的速度，播放程序就会取用先前建立的一小段缓冲区内的资料，避免播放的中断，使得播放品质得以维持。

要注意的是，在使用 video 或者 audio 标签时，默认将 preload 的加载属性设置为 auto，因此如果需要另外设置加载的属性值，需要在设置 src 前进行设置。

1.2　用 canPlayType 方法检测音频格式支持情况

虽然在本章 1.1 小节中讲解了通过在 audio 中添加多种格式的音频文件可以保证大部分的浏览器能够正常播放音频，但有时遇到一些特殊的情况，如比较原始或特别的浏览器（如 IE8 以下、傲游、360 等浏览器）对 audio 不支持，就需要进行浏览器对音频是否支持的判断。使用 canPlayType 方法能够检测浏览器对音频格式的支持情况，该方法采用 MIME 类型与编解码器参数，并返回 probably、maybe 和空字符串，如示例 6 所示。

⊃示例 6

```
<!DOCTYPE html>
<html lang="en">
<head>
    <meta charset="UTF-8">
    <title>检测浏览器兼容性</title>
    <script>
        var myAudio = document.createElement("audio");
        if (myAudio.canPlayType) {
            if (myAudio.canPlayType("audio/mpeg")!="") {
                document.write("支持 MP3 格式<br/>");
            }
            if (myAudio.canPlayType("audio/mp4;codecs="mp4a.40.5")!="") {
                document.write("支持 ACC 格式<br/>");
            }
            if (myAudio.canPlayType("audio/ogg;codecs='vorbis'")!="") {
                document.write("支持 OGG 格式<br/>");
            }
        }else{
            document.write("您的浏览器不支持要检测的格式")
        }
    </script>
</head>
<body>
<div>
</div>
</body>
</html>
```

如果 canPlayType 返回 probably 或者 maybe，则 myAudio.canPlayType("audio/mpeg")!="" 返回 true，表示支持该格式；如果 canPlayType 返回空字符串，表示浏览器不支持该格式。运行示例 6，在 Chrome 浏览器和 Firefox 浏览器显示"支持 MP3 格式"，而 IE 显示"支持 MP3 格式"和"支持 ACC 格式"。检测视频格式和检测音频格式基本相同，请读者自己验证。

2　打造个性的视频播放器

使用 controls 属性能够在网页上播放视频，但是同样的语法在不同的浏览器里显示的效果却不一样，如图 6.9 所示。

再仔细观察图 6.9，Chrome 控制条覆盖在视频底部，用户体验效果有些不好。系统定义的播放器样式比较单一，个性化不明显，不能体现网站的特点，因此在网站中经常制作自定义播放器，图 6.10 所示是优酷网站的自定义播放器。

图 6.9　同样的播放器在 Chrome、Firefox 中显示的效果不同

图 6.10　优酷网自定义播放器

　　要自定义视频播放器，需要了解视频播放器的一些属性和方法，表 6.4 展示了自定义视频播放器需要的属性。

表 6.4　视频播放器的属性

属性	说明
controls	显示或隐藏用户控制界面
autoplay	媒体是否自动播放
loop	媒体是否循环播放
paused	媒体是否暂停（只读属性）
ended	媒体是否播放完毕（只读属性）
currentTime	当前的播放进度
duration	媒体播放总时间（只读属性）
volume	0.0 到 1.0 的音量相对值
muted	是否静音

视频播放器还有几个主要的方法，如表 6.5 所示。

表 6.5　视频播放器的方法

方法	说明
play()	媒体播放
Pause()	媒体暂停
Timeupdate()	时间更新
Canplay()	可以播放

下面以示例 7 为例演示一下自定义视频播放器的使用。示例 7 的最终效果如图 6.11 所示。

图 6.11　视频播放器最终效果

首先打开素材"自定义视频播放器/index.html"，关键 HTML5 代码如下：

⊃ 示例 7

```
<!doctype html>
<html lang="en">
 <head>
   <meta charset="UTF-8">
   <title>自定义视频播放器</title>
   <link href="css/style.css" rel="stylesheet"/>
 </head>
 <body>
 <div class="container">
    <!--自定义视频播放器，此处不需要用controls-->
    <video src="file/video.mp4" id="video"></video>
    <!--自定义视频播放器导航栏效果-->
    <div class="video-bar">
       <!--播放、暂停效果-->
```

```
        <a href="javascript:void(0);" class="play hide left" id="play"></a>
        <a href="javascript:void(0);" class="pause left" id="pause"></a>
        <!--播放器进度条效果-->
        <div class="progress-bar left" id="progress-bar">
            <div class="jd-bar" id="jd-bar">
                <span></span>
            </div>
        </div>
        <!--时间显示效果, 当前时间和总时间-->
        <div class="time-bar left">
            <span class="current-time" id="current-time">00:00</span>/
            <span class="all-time" id="all-time">01:23</span>
        </div>
        <!--音量调整效果-->
        <div class="volum-bar left" id="volum-bar">
            <div class="yl-bar" id="yl-bar">
                <span class="volum-val"></span>
            </div>
        </div>
        <!--全屏按钮效果-->
        <div class="full left" id="full"></div>
    </div>
 </div>
 </body>
</html>
```

运行效果如图 6.12 所示。

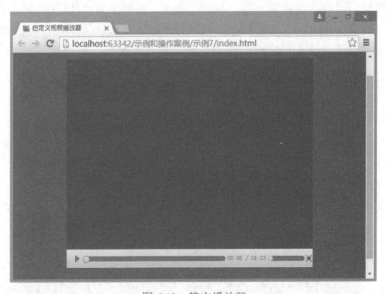

图 6.12　静态播放器

　　然后要做的就是通过点击播放按钮实现视频播放。由于要操作页面上的 div 等元素, 因此需要用到 JavaScript 代码:

```
<script>
    //先实现播放功能，获取需要的基本元素
    var video = document.getElementById("video");        //获取视频
    var play = document.getElementById("play");          //获取播放按钮
    var pause = document.getElementById("pause");        //获取暂停按钮
    //给 video 元素添加事件：canplay(可以播放)
    video.addEventListener("canplay",function(){
        //点击播放按钮
        play.onclick = function(){
            if(video.pause){                             //如果视频暂停
                pause.style.display = "block";           //暂停按钮显示
                this.style.display = "none";             //播放按钮隐藏
            }
            video.pause();                               //视频播放
        };
        //点击暂停按钮
        pause.onclick = function(){
            if(video.play){                              //如果视频播放
                this.style.display = "none";             //暂停按钮隐藏
                play.style.display = "block";            //播放按钮显示
            }
            video.play();                                //视频暂停
        };
    },false)
</script>
```

上面代码实现了视频的播放和暂停功能，先给元素 video 添加 canplay 事件，再在事件中编写播放和暂停代码，当点击播放按钮时执行 video 的播放事件，同时显示暂停按钮，隐藏播放按钮，当点击暂停按钮时执行相反操作，视频暂停，播放按钮显示，暂停按钮隐藏。运行代码能够实现暂停和播放功能，但没有时间进度和播放进度显示。效果如图 6.13 所示。

图 6.13　播放、暂停效果

　　播放、暂停效果实现之后再获取当前时间、总时间以及点击进度条实现前进后退功能。获取时间之后默认显示的是总的分秒数，但实际的播放器显示分钟和秒，如 01:15 的格式。下面获取视频当前播放的时间。

```
//获取时间信息（请将该代码段放在事件的外部）
var currentTime = document.getElementById("current-time");
var duration = document.getElementById("all-time");            //获取视频总时间
var seekbar = document.getElementById("progress-bar");         //获取视频进度点击对象
var playbar = document.getElementById("jd-bar");               //获取视频进度
//构建一个函数 toMs()实现时间格式的转换，转换成 m:s
function toMs(time){
        //获取视频的分钟数
        var m = Math.floor(time/60);
        //设置时间格式
        m = m>9?m:"0"+m;
        var s = Math.floor(time%60);
        s = s>9?s:"0"+s;
        return m+":"+s;
}
```

　　在 video 的 canplay 事件中添加如下代码：

```
//获取总时间，利用 toMs()函数将其转换成（分：秒）格式
        duration.innerHTML = toMs(video.duration);
```

　　toMs()自定义方法用于转换时间格式，其中 Math.floor 是 JavaScript 中的一个数学函数，用于对数据向下取整，比如 a 等于 3.9，Math.floor(a)的结果是 3。video.duration 获取视频的总时间，单位是秒，将秒数作为参数传递到 toMs()方法中。在该方法中，使用了一个三元表达式：

```
m = m>9?m:"0"+m;
```

　　三元表达式相当于一个 if-else 语句，表示如果 m 值大于或等于 10，直接显示 m 值，如果 m 值小于 10，显示为以 0 开头后面加数字的格式，如 01，02 等。获取秒数也采用同样的方法。

> **注意** 取秒的时候用的是对 60 取余（%）的方法。

```
//更新进度条及时间
video.addEventListener("timeupdate",function(){
//获取当前时间
currentTime.innerHTML = toMs(video.currentTime);
//改变进度条
playbar.style.width = (video.currentTime/video.duration)*100+"%";
```

> **注意** 获取当前时间 currentTime 属性需要写在 timeupdate 事件中，每次时间更新，都重新获取当前时间，否则，即使视频正在播放，当前的时间也不会发生变化。

　　当前时间发生变化后，还要做的一件事就是改变进度条，可通过改变 div 的长度值来模拟进度条的进度，视频播放完成时，设置进度条的长度为 100%，视频播放时设置长度为 0，当前播放时间除以视频总时间，就是进度条宽度的百分比。由于随着播放时间的变化进度条也变化，因此，改变进度条长度的代码应该写在 timeupdate 事件里面。运行效果如图 6.14 所示。

图 6.14　进度条效果

通常在看视频的时候，很多人对片头或不感兴趣的内容，选择跳过播放，用鼠标点击进度条的某个位置，视频就直接跳到点击的位置开始播放。同时，进度条的长度应该是鼠标点击的位置，当前时间是鼠标点击到的时间。

关键在于如何获取鼠标点击的位置。JavaScript 中可以使用 offsetX 获取鼠标点击的位置。通过鼠标点击的位置能获取点击部分的长度，可以使用 offsetWidth 获取进度条的总长度，点击部分的长度除以进度条的总长度可以换算出播放时间和总时间的比例，进而计算出播放时间。

```
//进度条点击
    seekbar.onclick = function(e){
        var x = e.offsetX;                      //获取鼠标的位置，就是点击部分的长度
        var w = this.offsetWidth;               //获取进度条的总长度
        playbar.style.width = (x/w)*100+"%";    //设置进度条的进度
        video.currentTime = video.duration*(x/w);  //修改视频的播放时间 currentTime
};
```

音量控制和进度控制类似，可通过获取鼠标的位置和控制音量 div 的长度来实现。

```
var volum = document.getElementById("volum-bar");   //获取视频音量点击对象
var handle = document.getElementById("yl-bar");     //获取视频音量值
    //音量控制
    volum.onclick = function(e){
        var e = e || window.event;
        var x = e.offsetX;
        var w = this.offsetWidth;
        video.volume = x/w;                     //调整声音大小
        handle.style.width = (x/w)*100+"%";     //设置声音滑块的位置
    }
```

最后还有一个全屏功能，使用如下代码实现：

```
var full = document.getElementById("full");        //获取全屏对象
video.webkitRequestFullscreen();                   //在谷歌浏览器中使用全屏
video.mozRequestFullScreen();                      //在 Firefox 浏览器中使用全屏
video.msRequestFullscreen();                       //在 IE 浏览器中使用全屏
```

当点击全屏按钮时实现全屏功能，读者可自行将代码补全。

操作案例 1：脚本控制音乐播放

需求描述

现在需要在用户交互界面上播放一段音频，同时不想被默认的控制界面影响页面的显示效果，可以使用自定义的控制界面控制音乐的播放，完成效果如图 6.15 所示。

完成效果

图 6.15　播放界面

技能要点

- audio 的 play()方法的用法。
- audio 元素的 paused 属性。

关键代码

```
//获取操作按钮
var btn =document.querySelector("#btn");
//给按钮添加 click 事件
    bt.addEventListener("click",function(){
    //获取音频元素对象
    var aud=document.querySelector("#music");
        if(aud.paused){          //判断 aud 元素的播放状态
            aud.play();          //执行播放功能
            btn.innerHTML="暂停";
        }else{
            aud.pause();         //暂停音乐
            btn.innerHTML="播放";
```

```
        }
},true);
```

实现步骤

（1）隐藏 audio 元素，创建控制按钮。

（2）设置控制按钮的 click 事件，初始化按钮提示用户播放音乐。

（3）修改播放器的播放状态和暂停状态。

素材准备

登录课工场 http://www.kgc.cn/，下载素材。

操作案例 2：使用 video.js 创建自定义播放器

需求描述

示例 7 演示了使用 JavaScript 脚本和 CSS 创建自定义视频播放器，但是代码比较复杂。因此在实际开发中出现了很多视频播放器插件，请使用 video.js 插件创建如图 6.16、图 6.17 所示的自定义视频播放器。

完成效果

图 6.16　页面加载界面

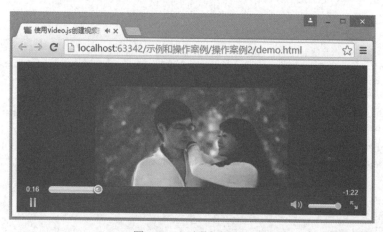

图 6.17　视频播放界面

技能要点

● video.js 插件的用法。

关键代码

```html
<!DOCTYPE html>
<html>
<head>
    <title>使用 video.js 创建视频播放器</title>
    <!--引入 video.css 设置样式 -->
    <link href="video-js.css" rel="stylesheet" type="text/css">
    <!--引入 video.js-->
    <script src="video.js"></script>
</head>
<body>
<video id="example_video_1" class="video-js vjs-default-skin" controls preload="none" width="640"
height="264" poster="video.jpg" data-setup="{}">
    <source src="../video/video.mp4" type='video/mp4'/>
    <source src="../video/video.webm" type='video/webm'/>
    <source src="../video/video.ogg" type='video/ogg'/>
</video>
</body>
</html>
```

实现步骤

（1）引入 video.css 文件。

（2）引入 video.js 文件。

（3）设置控制器的结构和样式。

（4）添加视频。

素材准备

登录课工场 http://www.kgc.cn/，下载素材。

本章总结

● 在 HTML5 中增加 audio 和 video 用于进行多媒体播放。

● 通过 audio 或者 video 的属性能够获取多媒体播放的进度、总时间等信息。

● 通过自定义播放器的方法可以设置播放器的播放、暂停、音量调整等动作。

● 通过 CSS 设计播放器的外观样式，通过 JavaScript 进行播放器的操作。

本章作业

1．什么是 video 元素与 audio 元素，为什么 HTML5 中要增加这两个元素？

2．video 元素有哪些属性，这些属性的作用是什么？

3．video 元素与 audio 元素有哪些方法，作用是什么？

4. 使用 video.js 实现自定义视频播放器，运行效果如图 6.18 所示。

图 6.18　自定义视频播放器

5. 请登录课工场，按要求完成预习作业。

第 7 章

使用 canvas 绘制图形

本章技能目标

- 掌握 canvas 的使用场景
- 理解什么是 canvas
- 掌握基本的 canvas API
- 会使用 canvas API 提供的接口绘图

本章简介

canvas 是 HTML5 新增的专门用来绘制图形的元素。在页面放置一个 canvas 元素，就相当于在页面上放置了一块画布，可以在其中进行图形的绘制。在 canvas 元素里进行绘画，不需要使用鼠标，直接写方法即可。

在此之前并没有基于 Web 的绘图技术，虽然有基于 XML 的绘图技术，但 canvas 是基于像素的绘图，它相当于画板的 HTML 节点，开发者通过 JavaScript 脚本可以轻松地实现任意绘图。

事实上，canvas 元素只是一块无色透明的区域，需要利用 JavaScript 编写在其中进行绘画的脚本，从这个角度来讲，读者可以把它理解为类似于其他开发语言中的 canvas（画布）。本章将详细介绍 canvas 元素的基本用法。

1 canvas 基础

HTML5 的 canvas 元素以及随其而来的编程接口 canvas API 应用前景非常广泛。简单地说，canvas 元素能够在网页中创建一块矩形区域，这块矩形区域可以称为画布，在其中可以绘制各种图形，通过程序员在画布中绘制图形，能够实现无限的可能性。

HTML5 的 canvas 元素使用 JavaScript 在网页上绘制图形，canvas 是一块矩形区域，类似于一块画布，在这个区域内可以控制任何一个像素。canvas 拥有多种绘制三角形、矩形、圆形等的方法。

1.1 在页面上添加 canvas 元素

如果想在页面上添加 canvas 元素，可以使用如示例 1 所示的代码：

⊃示例 1

```
<!DOCTYPE html>
<html lang="en">
<head>
    <meta charset="UTF-8">
    <title>canvas 元素</title>
</head>
<body>
<canvas id="mycanvas" height="150px" width="300px"></canvas>
</body>
</html>
```

默认情况下，canvas 所创建的矩形区域宽 300px，高 150px，也可以通过 width 属性和 height 属性自定义宽度和高度。

以上代码只是简单地创建了一个 id 为"mycanvas"的 canvas 对象，在浏览器中打开的页面上没有任何显示，但是用浏览器的调试状态可以看到，如图 7.1 所示。

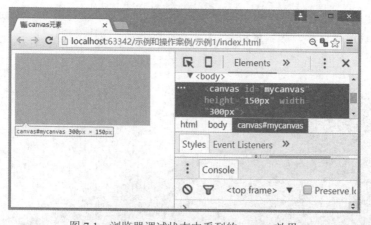

图 7.1 浏览器调试状态中看到的 canvas 效果

可以使用 CSS 的样式给 canvas 添加边框属性设置边框的外观，如示例 2 的代码所示，可以为 canvas 添加一个实心的边框。

⊃示例 2

```
<!DOCTYPE html>
<html lang="en">
<head>
        <meta charset="UTF-8">
        <title>设置 canvas 元素边框</title>
</head>
<body>
<canvas id="mycanvas" style="border:1px solid black"
        height="200px" width="400px"></canvas>
</body>
</html>
```

运行效果如图 7.2 所示。

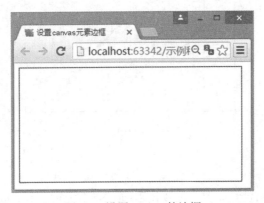

图 7.2　设置 canvas 的边框

canvas 本身并不具有绘制图形的功能，绘制图形的工作主要由 JavaScript 来完成，使用 JavaScript 可以在 canvas 内部添加线段、图片和文字，也可以绘画，甚至加入更高级的动画。使用 canvas 绘图首先要调用它的 API 接口。这就需要用到 JavaScript。如下代码演示了如何调用 canvas 的 API 接口。

```
<script>
        var canvas = document.querySelector("#mycanvas");
        var cxt = canvas.getContext("2d");
</script>
```

其中第一行代码表示通过 id 获取到 canvars 元素。关键是第二行代码，这里使用了 getContext 方法，getContext 方法相当于打开 canvas 绘图宝藏的钥匙。getContext("2d")方法创建了 canvas 对象，创建了进行绘图的上下文环境。以下的所有绘图操作都是依据 getContext("2d")创建的对象进行的。方法中的 "2d" 指的是平面的绘图，用到的坐标轴只有 X 轴和 Y 轴，对应的还有一个参数 "3d"，用于绘制 3D 立体图形，绘制时除了 X 轴和 Y 轴之外还用到 Z 轴，本章只讲解 2D 绘图。

1.2 使用 canvas 绘制简单的图形

任何事物都是从最简单最基础的部分开始,最终形成复杂或庞大的结构。HTML5 的 canvas 能够实现最简单最直接的绘图,也能通过编写脚本实现复杂的应用,这里首先介绍如何使用 canvas 和 JavaScript 实现最简单的图形绘制,包括直线、矩形、圆形等。

要绘制图形首先要做的就是为图形指定具体位置,也就是 X 轴和 Y 轴的坐标值。在 canvas 中,坐标原点(0, 0)在 canvas 区域的左上角,X 轴水平向右延伸,Y 轴垂直向下延伸,如图 7.3 所示。

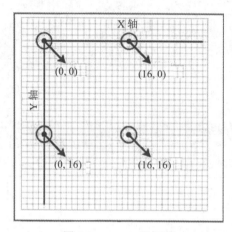

图 7.3 canvas 坐标系

1.2.1 绘制直线

在前面的讲解中我们已经知道,可以使用 canvas 对象的 getContext()方法来设置绘图环境(cxt),见如下代码:

```
<script>
    var canvas = document.querySelector("#mycanvas"); //获取 mycanvas 元素
    var cxt = canvas.getContext("2d");                //设置用于画布上绘图的环境
</script>
```

比如要在平面上绘制一条直线,首先要设置直线的起点和终点坐标,分别使用 cxt 对象的 moveTo 方法和 lineTo 方法设置起点和终点的坐标,然后使用 stroke 方法将直线画在 canvas 区域中。其中,moveTo 方法和 lineTo 方法各有两个参数,分别表示 X 轴的值和 Y 轴的值。绘制直线的代码见示例 3。

➲示例 3

```
<!DOCTYPE html>
<html lang="en">
<head>
    <meta charset="UTF-8">
    <title>绘制直线</title>
```

```
</head>
<body>
<canvas id="mycanvas" style="border:1px solid black"
        height="200px" width="400px"></canvas>
<script>
    var canvas = document.querySelector("#mycanvas");
    var cxt = canvas.getContext("2d");
    cxt.moveTo(0,0);
    cxt.lineTo(400,200);
    cxt.stroke();
</script>
</body>
</html>
```

示例 3 效果如图 7.4 所示。由于直线的终点是(400, 200)，也就是说 X 轴的值是 400，Y 轴的值是 200，和 canvas 区域的宽高相同，这应该是一条对角线，如图 7.4 所示（canvas 添加边框是为了显示效果，下同）。

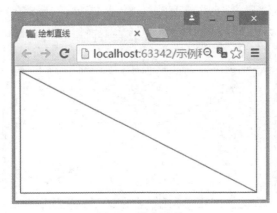

图 7.4　绘制直线

moveTo 方法用于建立新的子路径并规定其起点是(x, y)。

lineTo 方法用于从 moveTo 方法规定的起点开始绘制一条到规定坐标处的直线。

上面两个方法规定了直线的起点和终点，而 canvas 是基于状态的绘制，所以还要把起点和终点连接，而 stroke 方法用于沿该路径绘制一条直线。

图 7.4 所绘的直线是默认的 1px 宽的黑色直线，还可以通过 strokeStyle 属性设置直线的颜色，通过 lineWidth 属性设置线条的粗细，如示例 4 所示。

➲示例 4

```
<!doctype html>
<html lang="en">
 <head>
  <meta charset="UTF-8">
  <title>绘制带颜色和加粗的直线</title>
 </head>
 <body>
```

```
<canvas id="mycanvas" style="border:1px solid black"
        height="200px" width="400px"></canvas>
<script>
  var canvas = document.querySelector("#mycanvas");
  var cxt = canvas.getContext("2d");
  cxt.moveTo(0,0);
  cxt.lineTo(400,200);
  //设置直线的颜色
  cxt.strokeStyle="red";
  //设置直线的粗细
  cxt.lineWidth=5;
  cxt.stroke();
</script>
</body>
</html>
```

效果如图 7.5 所示。

图 7.5　绘制带颜色和加粗的直线

示例 4 演示了使用 JavaScript 修改直线粗细为 5px，颜色为红色。

- strokeStyle 属性的值完全和 CSS 相同，可以使用颜色名称，也可以使用十六进制颜色值，或者 RGB 值、RGBA 值。
- lineWidth 设置直线的宽度，值越大，线越宽。

1.2.2　绘制三角形

使用 canvas 画三角形其实也比较简单，在上一小节中已经演示了使用 canvas 画直线，三角形其实就是封闭的三条直线，在 canvas 中设置三个坐标点，将这三个坐标点使用直线连接，便形成了一个三角形，代码如示例 5 所示。

⊃示例 5

```
<!DOCTYPE html>
<html lang="en">
<head>
```

```
        <meta charset="UTF-8">
        <title>绘制三角形</title>
    </head>
    <body>
    <canvas id="mycanvas" style="border:1px solid black"
            height="400px" width="400px"></canvas>
    <script>
        var canvas = document.querySelector("#mycanvas");
        var cxt = canvas.getContext("2d");
        cxt.moveTo(200,20);
        //连接(200,20)和(20,100)
        cxt.lineTo(20, 100);
        //连接(20,100)和(300,120)
        cxt.lineTo(300, 120);
        //连接(300,120)和(200,20)
        cxt.lineTo(200, 20);
        cxt.stroke();
    </script>
    </body>
    </html>
```

示例 5 中设置坐标点为(200, 20)，(20, 100)，(300, 120)，将这三个坐标点使用直线连接形成一个封闭的三角形。效果如图 7.6 所示。

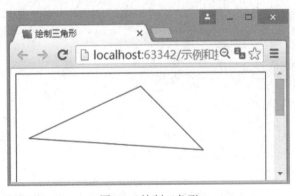

图 7.6　绘制三角形

在连接最后一条直线的时候，使用了 stroke()方法从第三个坐标点(300, 120)连接到第一个坐标点(200, 20)组成三角形，其实还有另一个方法 closePath()，该方法用于创建从当前点到开始点（moveTo(x,y)）的直线。closePath()方法在很多情况下都会使用到。

示例 5 中将 cxt.lineTo(200, 20);更改为 closePath();即可，运行效果完全相同。

在示例 4 中演示了使用 cxt.strokeStyle 和 cxt.lineWidth 属性设置线颜色和线宽，同样可使用这两个属性设置三角形的边的颜色和宽度，但是这样做只能设置边的样式，该如何对三角形内部进行填充？

canvas API 的 fillStyle 属性和 fill()方法可用于对封闭元素如三角形进行填充，如示例 6 所示。

● 示例 6

```
<!DOCTYPE html>
<html lang="en">
<head>
    <meta charset="UTF-8">
    <title>填充三角形</title>
</head>
<body>
<canvas id="mycanvas" style="border:1px solid black"
        height="400px" width="400px"></canvas>
<script>
    var canvas = document.querySelector("#mycanvas");
    var cxt = canvas.getContext("2d");
    cxt.moveTo(200,20);
    //连接(200,20) 和(20,100)
    cxt.lineTo(20, 100);
    //连接(20,100) 和(300,120)
    cxt.lineTo(300, 120);
    //连接(300,120) 和(200,20)
    // cxt.lineTo(200, 20);
    cxt.closePath();
    cxt.lineWidth=5;                    //设置线宽为 5px
    cxt.fillStyle="rgb(160,240,160)";  //设置填充颜色
    cxt.fill();                         //填充
    cxt.strokeStyle="red";             //设置线的颜色
    cxt.stroke();
</script>
</body>
</html>
```

运行效果如图 7.7 所示。

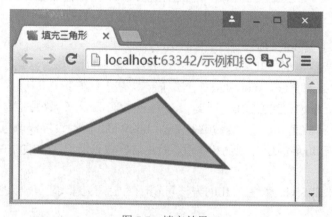

图 7.7　填充效果

　　示例 6 中要注意先设置内部填充，然后再设置边线的颜色和宽度，否则内部填充会覆盖边线的样式。

　　上面的几个示例都是在页面上绘制一个三角形，同样也可以在页面上绘制多个三角形。示例 7 演示了在同一个 canvas 中添加两个三角形的方法。

⊃示例 7

```
<!DOCTYPE html>
<html lang="en">
<head>
    <meta charset="UTF-8">
    <title>两个三角形</title>
</head>
<body>
<canvas id="mycanvas" style="border:1px solid black"
        height="400px" width="400px"></canvas>
<script>
    var canvas = document.querySelector("#mycanvas");
    var cxt = canvas.getContext("2d");
    //第一个三角形
    cxt.moveTo(50,20);
    cxt.lineTo(20,100);
    cxt.lineTo(200, 100);
    cxt.closePath();
    cxt.lineWidth=5;
    cxt.fillStyle="rgb(160,240,160)";
    cxt.fill();
    cxt.strokeStyle="red";
    cxt.stroke();
    //第二个三角形
    cxt.moveTo(150,20);
    cxt.lineTo(230,100);
    cxt.lineTo(350,100);
    cxt.closePath();
    cxt.lineWidth=5;
    cxt.fillStyle="rgb(200,200,200)";
    cxt.fill();
    cxt.strokeStyle="yellow";
    cxt.stroke();
</script>
</body>
</html>
```

运行页面如图 7.8 所示。

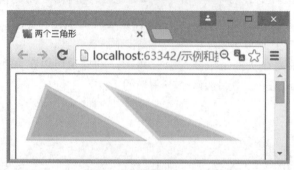

图 7.8　绘制两个三角形

　　按照示例 7 所示代码，第一个三角形的填充颜色和边框颜色与第二个三角形不同，但是仔细观察图 7.8，看到两个三角形的填充颜色相同，边框颜色也相同，并没有达到示例 7 预期的效果，原因很简单，当设置第二个三角形的边框样式和填充样式的时候，其会将第一个覆盖。因此，如果要使两个三角形互不影响，需要将两个三角形分离开，修改示例 7 的代码，如示例 8 所示。加粗的部分为新添加的代码。

⊃示例 8

```
//其余代码与示例 7 相同，在此不再列出
var canvas = document.querySelector("#mycanvas");
var cxt = canvas.getContext("2d");
//第一个三角形
cxt.beginPath();
cxt.moveTo(50,20);
.....
cxt.stroke();
//第二个三角形
cxt.beginPath();
cxt.moveTo(150,20);
......
cxt.stroke();
```

　　示例 8 是在示例 7 的基础上增加了 cxt.beginPath();代码，cxt.beginPath()方法表示开始一条路径，或重置当前的路径，可将两次绘制的三角形分离，这样在修改样式时互不影响，如图 7.9 所示。

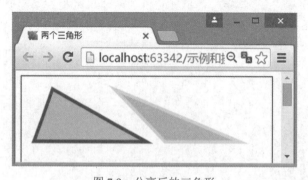

图 7.9　分离后的三角形

1.2.3 绘制多边形

绘制多边形的方式和绘制三角形是一样的，首先要设置坐标点，比如要绘制一个边长为 100 的正六边形，如图 7.10 所示。

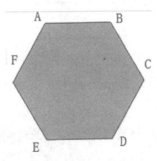

图 7.10　绘制正六边形

首先设置左上角 A 点坐标为(100, 10)，由于边的宽度为 100px，所以 B 点坐标是(200, 10)，通过计算（使用三角函数计算，此处不做讲解），C 点坐标为(250, 97)，D 点坐标为(200, 184)，E 点坐标为(100, 184)，F 点坐标为(50, 97)。代码如示例 9 所示。

➲ 示例 9

```
<!DOCTYPE html>
<html lang="en">
<head>
    <meta charset="UTF-8">
    <title>绘制多边形</title>
</head>
<body>
<canvas id="mycanvas" style="border:1px solid black"
        height="400px" width="400px"></canvas>
<script>
    var canvas = document.querySelector("#mycanvas");
    var cxt = canvas.getContext("2d");
    cxt.beginPath();
    cxt.moveTo(100,10);       //A 点坐标
    cxt.lineTo(200, 10);      //B 点坐标
    cxt.lineTo(250, 97);      //C 点坐标
    cxt.lineTo(200, 184);     //D 点坐标
    cxt.lineTo(100, 184);     //E 点坐标
    cxt.lineTo(50, 97);       //F 点坐标
    cxt.closePath();
    cxt.lineWidth=1;
    cxt.fillStyle="rgb(160,240,160)";     //设置填充颜色
    cxt.fill();
    cxt.strokeStyle="red";                //设置边框颜色
    cxt.stroke();
```

```
</script>
</body>
</html>
```

 由于正六边形的连接是按照 A、B、C、D、E、F 的顺序连接的，因此节点的顺序不能写错。

1.2.4 绘制矩形

若要在(50, 50)坐标处绘制一个宽 200px，高 100px 的矩形，红色边框，内部填充颜色，如图 7.11 所示，该如何实现？

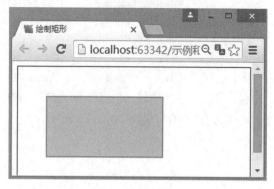

图 7.11　绘制矩形

其实绘制矩形很简单，并不需要像绘制多边形或三角形一样，设置多个坐标点，绘制矩形有专门的方法。语法如下：

```
cxt.rect(x,y,width,height);
```

该方法用于绘制矩形，x 和 y 分别是左上角 X 轴和 Y 轴的坐标，width 是指矩形的宽度，height 是矩形的高度，如示例 10 所示。

➲ 示例 10

```
<!DOCTYPE html>
<html lang="en">
<head>
    <meta charset="UTF-8">
    <title>绘制矩形</title>
</head>
<body>
<canvas id="mycanvas" style="border:1px solid black"
        height="200px" width="400px"></canvas>
<script>
    var canvas = document.querySelector("#mycanvas");
    var cxt = canvas.getContext("2d");
    cxt.beginPath();
    cxt.rect(50,50,200,100);//绘制矩形
```

```
        cxt.lineWidth=1;
        cxt.fillStyle="rgb(160,240,160)";
        cxt.fill();
        cxt.strokeStyle="red";
        cxt.stroke();
</script>
</body>
</html>
```

绘制矩形还有两个比较简便的方法，即 fillRect 和 strokeRect 方法，前者用于绘制用颜色填充区域的矩形，后者用于绘制轮廓。修改代码如下：

```
var canvas = document.queryselector("#mycanvas");
var cxt = canvas.getcontext("2d");
cxt.beginPath();
cxt.lineWidth=1;
cxt.fillStyle="rgb(160,240,160)";
cxt.fillRect(50,50,200,100);
cxt.strokeStyle="red";
cxt.strokeRect(50,50,200,100);
```

运行效果和示例 10 完全相同。

操作案例 1：绘制坐标图

需求描述

利用 canvas 绘制如图 7.12 所示的柱状坐标图（图中并没有文字。在后面的章节中会讲解如何添加文字）。

技能要点

● 使用 canvas 绘制直线。
● 使用 strokeStyle 对直线美化。
● 使用循环重复绘制基本的直线。
● 绘制矩形，填充矩形。

完成效果

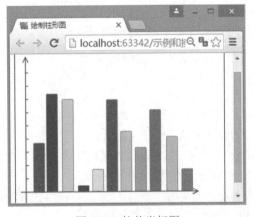

图 7.12　柱状坐标图

关键代码

```
//绘制 X 轴和 Y 轴
cxt.beginPath();
cxt.moveTo(20, 20);
cxt.lineTo(20, 290);
cxt.stroke();
cxt.beginPath();
cxt.moveTo(10, 270);
cxt.lineTo(350, 270);
cxt.stroke();
cxt.beginPath();
cxt.moveTo(20, 20);
cxt.lineTo(25, 30);
cxt.stroke();
cxt.beginPath();
cxt.moveTo(20, 20);
cxt.lineTo(15, 30);
cxt.stroke();
for (var i = 2; i <= 10; i++) {
    //绘制 Y 轴刻度
    cxt.moveTo(20, i * 24.5);
    cxt.lineTo(25, i * 24.5);
    cxt.stroke();
    cxt.beginPath();
}
    //绘制柱状图
    cxt.beginPath();
    cxt.rect(35, 180, 20, 90);      //设置柱状图的位置
    cxt.fillStyle = "red";          //设置填充颜色
    cxt.stroke();
    cxt.fill();
```

实现步骤

（1）绘制坐标系 X 轴 Y 轴。

（2）绘制两个坐标系的箭头。

（3）绘制坐标系的刻度，刻度对应一定的数值。

（4）使用矩形绘制多个柱状图。

1.2.5 绘制圆形

在生活中，除了三角形和矩形之外，圆形也是比较常用的形状。绘制一个圆形，需要两个要素：圆心和半径。在 canvas 中，绘制圆形使用 arc 方法：

```
cxt.arc(x,y,r,sAngle,eAngle,counterclockwise);
```

该方法用于在页面上画一个圆形。其各属性说明见表 7.1。

表 7.1　arc 属性

类型	说明
x	圆的中心的 x 坐标
y	圆的中心的 y 坐标
r	圆的半径
sAngle	起始角，以弧度计
eAngle	结束角，以弧度计
counterclockwise	可选。规定应该逆时针还是顺时针绘图。false=顺时针，true=逆时针

关于 arc 属性的说明如图 7.13 所示。

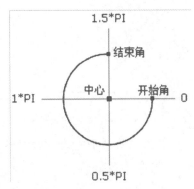

图 7.13　arc 方法画圆示意图

如图 7.13 所示，圆的起始角度为 0，结束角度为 1.5*PI。在数学中 PI 为 180 度，因此结束角度为 270 度。示例 11 演示了如何绘制一个圆形。

➲示例 11

```
<!DOCTYPE html>
<html lang="en">
<head>
    <meta charset="UTF-8">
    <title>绘制圆形</title>
</head>
<body>
<canvas id="mycanvas" style="border:1px solid black"
        height="200px" width="300px"></canvas>
<script>
    var canvas = document.querySelector("#mycanvas");
    var cxt = canvas.getContext("2d");
    cxt.beginPath();
    cxt.arc(140, 100, 80, 0, 2 * Math.PI, false);    //绘制圆形
    cxt.fillStyle="rgb(160,240,160)";                //圆形填充颜色
    cxt.fill();
    cxt.strokeStyle="red";                           //圆形边框颜色
```

```
        cxt.stroke();
    </script>
    </body>
    </html>
```

示例 11 演示了以坐标(140, 100)为圆心，半径为 80px，按顺时针方向画一个圆，圆的边是红色，填充淡绿色，如图 7.14 所示。

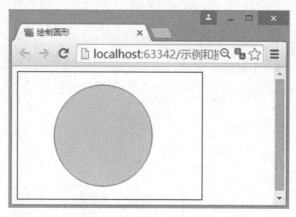

图 7.14　使用 canvas 画圆

如果绘制一个圆形，使用逆时针方向和顺时针方向没有区别，但如果画一段弧就有明显的区别，示例 12 演示了顺时针画一个弧的效果。

○示例 12

```
    <!DOCTYPE html>
    <html lang="en">
    <head>
        <meta charset="UTF-8">
        <title>绘制圆弧</title>
    </head>
    <body>
    <canvas id="mycanvas" style="border:1px solid black"
            height="200px" width="300px"></canvas>
    <script>
        var canvas = document.querySelector("#mycanvas");
        var cxt = canvas.getContext("2d");
        cxt.beginPath();
        cxt.arc(140, 100, 80, 0, 0.5 * Math.PI, false);    //顺时针画圆弧
        cxt.fillStyle="rgb(160,240,160)";                  //圆弧填充色
        cxt.fill();
        cxt.strokeStyle="red";                             //圆弧边框颜色
        cxt.stroke();
    </script>
    </body>
    </html>
```

效果如图 7.15 所示。

将示例 12 中的顺时针方向改为逆时针方向（将 arc 方法中的 false 改为 true）。效果如图 7.16 所示。

图 7.15　顺时针画弧

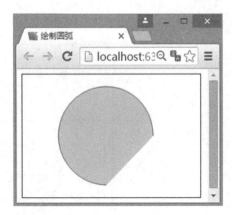

图 7.16　逆时针画弧

在本章 1.2.2 节中讲解了一个 closePath() 方法用于将当前节点和起点连接以封闭一条打开的子路径，使用这个方法可以画一个三角形，同样 arc 方法和 closePath() 方法相结合，可以画一个扇形，示例 13 演示了如何画一个扇形。

➲示例 13

```
<!DOCTYPE html>
<html lang="en">
<head>
    <meta charset="UTF-8">
    <title>绘制扇形</title>
</head>
<body>
<canvas id="mycanvas" style="border:1px solid black"
        height="200px" width="300px"></canvas>
<script>
    var canvas = document.getElementById('mycanvas');
    var cxt = canvas.getContext('2d')
    //开始一条新路径
    cxt.beginPath();
    //设置圆心
    cxt.moveTo(50,50);
    //绘制圆弧，以-Math.PI * 0.1,为起始角，以 Math.PI * 0.4 为结束角绘制扇形
    cxt.arc(50, 50, 150, -Math.PI * 0.1, Math.PI * 0.4,false);
    //闭合路径
    cxt.closePath();
    //填充颜色
    cxt.fillStyle="pink";
    cxt.fill();
```

```
        cxt.stroke();
</script>
</body>
</html>
```

执行效果如图 7.17 所示。

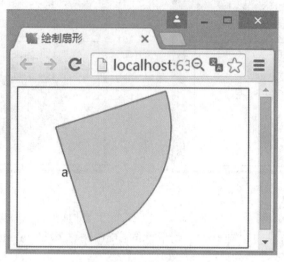

图 7.17　绘制扇形

如果示例 13 中没有添加 cxt.closePath();，图 7.17 便没有 a 线段，将形成一个不完整的扇形。

1.2.6　清空画布

在 canvas 中绘制了一些图形，使用之后可能需要清除这些图形，就像一些绘图程序中用橡皮工具来擦除图形。使用 clearRect 方法可清除指定的区域内所有的图形。该方法清空指定矩形内的指定像素。该方法的语法如下：

```
context.clearRect(x,y,width,height);
```

x 表示要清除的矩形左上角的 x 坐标；y 表示要清除的矩形左上角的 y 坐标；width 表示要清除的矩形的宽度，以像素计；height 表示要清除的矩形的高度，以像素计。

⊃示例 14

```
<!DOCTYPE html>
<html lang="en">
<head>
    <meta charset="UTF-8">
    <title>清空画布指定区域</title>
    <script>
        function clearCav(){
            //清空画布指定区域的图形
            cxt.clearRect(100,100,200,200);
        }
```

```
            </script>
        </head>
        <body>
        <canvas id="mycanvas" style="border:1px solid black"
                height="200px" width="300px"></canvas>
        <script>
            var canvas = document.querySelector("#mycanvas");
            var cxt = canvas.getContext("2d");
            cxt.beginPath();
            //绘制圆弧
            cxt.arc(140, 100, 80, 0, 0.5 * Math.PI, true);
            cxt.fillStyle="green";
            cxt.fill();
            cxt.strokeStyle="red";
            cxt.stroke();
        </script>
        <input type="button" value="清空画布" onclick="clearCav()"/>
        </body>
        </html>
```

当点击"清空画布"按钮时，指定区域内所绘图形被全部清空，最终效果如图 7.18 所示。

图 7.18　清除之后的效果

2　绘制贝塞尔曲线

相对于绘制直线、矩形、圆形等简单图形而言，绘制曲线的难度是比较大的，但是一旦掌握其原理，就能够创建出许多复杂的图形。贝塞尔曲线在计算机图形学中的作用相当重要，其应用也非常广泛，如在一些数学软件、三维动画中经常会见到贝塞尔曲线，其主要用于数值分析领域或产品设计和动画制作领域。本节介绍了如何在 canvas 中绘制贝塞尔曲线，包括二次方曲线和三次方曲线。关于贝塞尔曲线的数学模型和计算过程，在本书不做讲解。

注意　贝塞尔曲线（Bézier curve），又称贝兹曲线或贝济埃曲线，是应用于二维图形应用程序的数学曲线。一般的矢量图形软件通过它来精确画出曲线，贝塞尔曲线由线段与节点组成，线段像可伸缩的皮筋，节点是可拖动的支点，我们在绘图工具上看到的钢笔工具就是来做这种矢量曲线的（源自百度百科）。

2.1　绘制二次方贝塞尔曲线

贝塞尔曲线是在二维平面上由一个"起点"、一个"终点"，以及一个或多个"控制点"定义的曲线。二次方贝塞尔曲线只使用一个控制点，也称为二阶贝塞尔曲线。对于二次方贝塞尔曲线的数学公式，我们不需要掌握，我们只需要了解贝塞尔曲线的绘制过程即可，如图 7.19 所示。

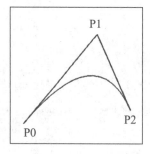

图 7.19　二次方贝塞尔曲线示意图

图 7.19 中 P0 为起点，P1 为控制点，P2 为终点。可使用 quadraticCurveTo(cpx,cpy,x,y)方法绘制二次方贝塞尔曲线。cpx 和 cpy 是控制点的 x 坐标和 y 坐标，也就是图 7.19 中 P1 的坐标。x 和 y 是终点的 x 坐标和 y 坐标，也就是图 7.19 中 P2 的坐标。示例 15 演示了如何绘制二次方贝塞尔曲线。示例 15 不仅绘制了一条二次方贝塞尔曲线，为了让读者看得更加明确，还绘制出了该曲线的控制点和控制线。

⊃示例 15

```
<!DOCTYPE html>
<html lang="en">
<head>
    <meta charset="UTF-8">
    <title>绘制贝塞尔曲线</title>
</head>
<body>
<canvas id="mycanvas" style="border:1px solid black"
        height="200px" width="300px"></canvas>
<script>
    var canvas = document.querySelector("#mycanvas");
    var cxt = canvas.getContext("2d");
    //开始绘制贝塞尔曲线
```

```
    cxt.beginPath();
    cxt.moveTo(0,200);      //设置贝塞尔曲线的起点
    //绘制贝塞尔曲线，控制点是(50,0)，终点是(300,200)
    cxt.quadraticCurveTo(50,0,300,200);
    cxt.strokeStyle="#000000";
    cxt.stroke();
    //下面绘制的直线用于表示上面曲线的控制点和控制线，控制点坐标就是两条直线的交点(50,0)
    cxt.beginPath();
    cxt.strokeStyle="#cccccc";
    cxt.moveTo(0,200);      //直线的起点
    cxt.lineTo(50,0);       //两条直线的交点，也就是控制点
    cxt.lineTo(300,200);
    cxt.stroke();
</script>
</body>
</html>
```

运行效果如图 7.20 所示。

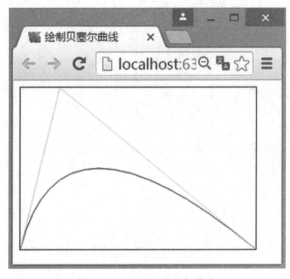

图 7.20　二次方贝塞尔曲线

其中的曲线即为二次方贝赛尔曲线，两条直线为控制线，两直线的交点即为曲线的控制点。

2.2　绘制三次方贝塞尔曲线

在本章前面所讲的使用 arc 方法画圆弧（1.2.5 小节中）或者使用 quadraticCurveTo 方法画二次方贝塞尔曲线（2.1 小节中），都有一个共同的特点，就是所画的曲线都只能偏向一边，如果想画波浪线或 S 形曲线就无能为力了。要想实现这样的效果就需要使用三次方贝塞尔曲线了。

三次方贝塞尔曲线的设置方法和二次方贝塞尔曲线相似，只是三次方贝塞尔曲线具有两个控制点。示例 16 演示了三次方贝塞尔曲线的绘制方法。

➲示例 16

```
<!DOCTYPE html>
<html lang="en">
<head>
    <meta charset="UTF-8">
    <title>三次方贝塞尔曲线</title>
</head>
<body>
<canvas id="mycanvas" style="border:1px solid black"
        height="200px" width="300px"></canvas>
<script>
    var canvas=document.getElementById("mycanvas");
    var cxt=canvas.getContext("2d");
    //绘制起点、控制点、终点
    cxt.beginPath();
    cxt.moveTo(25,175);      //曲线的起点 P0
    cxt.lineTo(60,80);       //曲线的第一个控制点 P1
    cxt.lineTo(150,180);     //曲线的第二个控制点 P2
    cxt.lineTo(170,50);      //曲线终点 P3
    cxt.strokeStyle="#999999";
    cxt.stroke();
    //绘制三次方贝塞尔曲线
    cxt.beginPath();
    cxt.moveTo(25,175);      //曲线起点
    cxt.bezierCurveTo(60,80,150,180,170,50);//绘制三次方贝塞尔曲线
    cxt.strokeStyle = "#000000";
    cxt.stroke();
</script>
</body>
</html>
//HTML 结构代码省略
```

效果如图 7.21 所示。

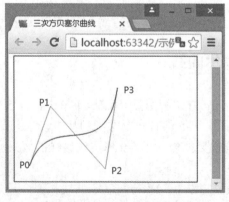

图 7.21　三次方贝塞尔曲线

贝塞尔曲线是计算机图形图像造型的基本工具，是图形造型运用得最多的基本线条之一。它通过控制曲线上的四个点（起点、终点以及两个相互分离的控制点）来创造、编辑图形。其中起重要作用的是位于曲线中央的控制线。这条线是虚拟的，中间与贝塞尔曲线交叉，两端是控制点。移动两端的控制点时贝塞尔曲线改变曲线的曲率（弯曲的程度）；移动控制点（也就是移动虚拟的控制线）时，贝塞尔曲线在起点和终点锁定的情况下做均匀移动。

 贝塞尔曲线上的所有节点均可编辑。这种"智能化"的矢量线条为艺术家提供了一种理想的图形编辑与创造的工具。

操作案例 2：绘制灰太狼

需求描述

利用 canvas 中绘制直线和贝塞尔曲线的方法绘制如图 7.22 所示的灰太狼。

技能要点

- 使用 canvas 绘制直线。
- 使用 canvas 绘制贝塞尔曲线。
- 设置直线颜色。
- 填充颜色。

完成效果

图 7.22 灰太狼

关键代码

```
//绘制灰太狼的部分代码
cxt.lineTo(73, 136);
cxt.lineTo(74, 139);
cxt.quadraticCurveTo(36, 164, 24, 213);
cxt.bezierCurveTo(52, 215, 49, 223, 41, 233);
cxt.quadraticCurveTo(61, 235, 76, 243);
cxt.bezierCurveTo(88, 350, 290, 350, 309, 252);
cxt.quadraticCurveTo(320, 239, 353, 234);
```

实现步骤

（1）获取 canvas 对象，规划图像坐标。

（2）绘制灰太狼头部。

（3）绘制灰太狼眼睛、鼻子、嘴、伤疤。

（4）填充鼻子和眼睛。

（5）绘制手臂、围巾、肚子。

（6）绘制灰太狼的腿。

绘制灰太狼主要是绘制直线、二次方贝塞尔曲线和三次方贝塞尔曲线，最大的难度是绘制图像的坐标，需要读者仔细多次设置。

3 坐标变换

canvas 的坐标变换改变的是 canvas 里面的内容，而非 canvas 本身。坐标变换一般分为三种情况：坐标位移、图形缩放和图形旋转。

3.1 坐标位移

默认情况下 canvas 的坐标系是以左上角为原点(0, 0)，坐标位移是将坐标系的原点改变。坐标位移使用的 translate 方法，语法如下所示。

```
context.translate(x,y);
```

x 是变换到水平位置的坐标，y 是变换到垂直位置的坐标。

如示例 17 所示绘制一个矩形，坐标位移之后再绘制一个同样坐标的矩形。代码如下：

⊃示例 17

```
<!DOCTYPE html>
<html lang="en">
<head>
    <meta charset="UTF-8">
    <title>坐标位移</title>
</head>
<body>
<canvas id="mycanvas" style="border:1px solid black"
        height="200px" width="300px"></canvas>
<script>
    var canvas=document.getElementById("mycanvas");
    var cxt=canvas.getContext("2d");
    cxt.beginPath();//绘制开始
    //绘制第一个矩形，左上角坐标(25,25)，宽 100px，高 50px
    cxt.rect(25,25,100,50);
    cxt.fillStyle="green";//矩形填充色为绿色
    cxt.fill();
    //坐标位移，将原点移到(100,100)，即 x 的值是 100，y 的值是 100
```

```
        cxt.translate(100,100);
        cxt.beginPath();
        //在坐标位移之后以同样的坐标再次绘制矩形
        cxt.rect(25,25,100,50);
        cxt.fillStyle="red";
        cxt.fill();
        cxt.stroke();
    </script>
</body>
</html>
```

运行效果如图 7.23 所示。

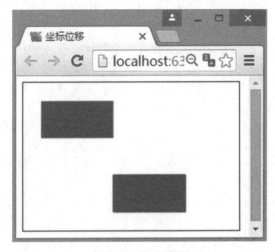

图 7.23　位移效果

通过示例 17 和图 7.23 可以看出，使用 translate 进行坐标位移，移动的是在 canvas 区域中的内容，对 canvas 本身并没有移动效果。使用坐标位移可以简化部分代码，例如要改变一组同心圆的位置。要画一组同心圆，可以按照示例 18 的代码绘制。

⊃示例 18

```
<!DOCTYPE html>
<html lang="en">
<head>
    <meta charset="UTF-8">
    <title>绘制同心圆</title>
</head>
<body>
<canvas id="mycanvas" style="border:1px solid black"
        height="200px" width="300px"></canvas>
<script>
    var canvas = document.getElementById("mycanvas");
    var cxt = canvas.getContext("2d");
    cxt.beginPath();
```

```
    //在(150,100)的位置绘制第一个圆，半径为 10px。由于是同心圆，因此每一个圆的圆心坐标都相同，
不同的是半径
    cxt.arc(150, 100, 10, 0, 2 * Math.PI, false);
    cxt.arc(150, 100, 20, 0, 2 * Math.PI, false);
    cxt.arc(150, 100, 30, 0, 2 * Math.PI, false);
    cxt.arc(150, 100, 40, 0, 2 * Math.PI, false);
    cxt.arc(150, 100, 50, 0, 2 * Math.PI, false);
    cxt.arc(150, 100, 60, 0, 2 * Math.PI, false);
    cxt.stroke();
</script>
</body>
</html>
```

运行效果见图 7.24。

图 7.24 同心圆效果

如果要改变同心圆的位置，需要修改每一个圆的圆心坐标，这对于大量数据来说比较复杂。如果使用坐标位移，相对来说比较简单，如示例 19 所示。

⊃示例 19

```
<!DOCTYPE html>
<html lang="en">
<head>
    <meta charset="UTF-8">
    <title>绘制同心圆</title>
</head>
<body>
<canvas id="mycanvas" style="border:1px solid black"
        height="150px" width="300px"></canvas>
<script>
    var canvas = document.getElementById("mycanvas");
    var cxt = canvas.getContext("2d");
    cxt.beginPath();
    //修改坐标原点的位置
```

```
        cxt.translate(60,60);
        //所有圆心都设置为(0,0)
        cxt.arc(0, 0, 10, 0, 2 * Math.PI, false);
        cxt.arc(0, 0, 20, 0, 2 * Math.PI, false);
        cxt.arc(0, 0, 30, 0, 2 * Math.PI, false);
        cxt.arc(0, 0, 40, 0, 2 * Math.PI, false);
        cxt.arc(0, 0, 50, 0, 2 * Math.PI, false);
        cxt.arc(0, 0, 60, 0, 2 * Math.PI, false);
        cxt.stroke();
    </script>
</body>
</html>
```

效果如图 7.25 所示。

图 7.25　坐标变换后的同心圆

如果要移动同心圆的位置，因圆心都设置为(0, 0)，不需要修改每一个圆的圆心坐标，只需要进行坐标位移即可，这减小了代码量和代码难度。

translate 移动的距离其实是"相对"的，也就是说它是在当前的原点坐标基础上进行偏移，比如默认原点坐标是(0, 0)，那么此时的 translate(60, 60)就是在(0, 0)的基础上进行 X 轴 60px 的偏移，Y 轴 60px 的偏移。如果本来原点坐标已经变了，比如变成了(10, 20)，那同样的 translate(60, 60)就会把原点变到(10+60, 20+60)的位置。

如何把原点再次移回到(0, 0)的位置，要注意不能使用 translate(0,0)，应该使用 translate(-60,-60)，即刚才移动的坐标取负。因为移动的位移是相对位移，如果是 translate(0,0)的话，相当于没有移动位置。示例 20 演示了坐标位移之后将坐标还原的方法。

⊃示例 20

```
<!DOCTYPE html>
<html lang="en">
<head>
    <meta charset="UTF-8">
    <title>坐标位移</title>
</head>
<body>
```

```
<canvas id="mycanvas" style="border:1px solid black"
        height="150px" width="300px"></canvas>
<script>
    var canvas = document.getElementById("mycanvas");
    var cxt = canvas.getContext("2d");
    cxt.beginPath();
    //移动坐标原点到(60,60)
    cxt.translate(60,60);
    //以(60,60)为圆心，以 60px 为半径画圆
    cxt.arc(0, 0, 60, 0, 2 * Math.PI, false);
    cxt.stroke();
    cxt.beginPath();
    //将坐标移回到(0,0)点，注意此处应为(-60,-60)
    cxt.translate(-60,-60);
    cxt.arc(0, 0, 60, 0, 2 * Math.PI, false);
    //为了区分移动前和移动后，将圆的边宽设置为 5px，颜色设置为 "#555555"
    cxt.lineWidth=5;
    cxt.strokeStyle="#555555";
    cxt.stroke();
</script>
</body>
</html>
```

运行效果见图 7.26。

图 7.26　坐标返回效果

由于将坐标返回到原点，返回之后在绘图区域中只显示四分之一圆弧，任何时候，无论是移动还是返回，translate(0,0)都不会做任何的位移。

操作案例 3：绘制奥运五环标志

需求描述

利用 canvas 绘制如图 7.27 所示的奥运五环标志。

技能要点

● 使用 translate 方法实现坐标位移。

- 使用 arc 方法绘制圆形。
- 使用 strokeStyle 对圆环设计。
- 使用 lineWidth 设置圆环的粗细。

完成效果

图 7.27　奥运五环

关键代码

```
//设置坐标位移
cxt.translate(100,100);
//开始绘制圆形
cxt.beginPath();
//绘制圆
cxt.arc(280,0,60,0,2*Math.PI);
//设置圆周的颜色和宽度
    cxt.strokeStyle="red";
    cxt.lineWidth=8;
    cxt.stroke();
```

在绘制圆的时候，要注意计算圆心的位置。

实现步骤

（1）绘制 canvas，宽度为 480px，高度为 250px。

（2）在内部设置位移。

（3）使用 beginPath()开始绘制。

（4）使用 arc 方法绘制一个圆。

（5）给圆环设置颜色。

（6）使用同样方法绘制五个圆。

3.2　图形缩放

　　缩放是很容易理解的概念，但在 canvas 中缩放是基于"原点"进行的。scale 经常与 translate 搭配使用。

　　scale 接受两个参数，依次表示水平方向的缩放和垂直方向的缩放。参数必须大于 0，可以是小数，如果小于 1 就是缩小，大于 1 则是放大，等于 1 不做缩放处理。

示例 21 演示了将一个圆在垂直方向上缩小到原来的三分之二，由圆转变成椭圆的过程。

⊃ 示例 21

```
<!DOCTYPE html>
<html lang="en">
<head>
    <meta charset="UTF-8">
    <title>图形缩放</title>
</head>
<body>
<canvas id="mycanvas" style="border:1px solid black"
        height="200px" width="300px"></canvas>
<script>
    var canvas = document.getElementById("mycanvas");
    var cxt = canvas.getContext("2d");
    //将坐标原点位移到画布中心，方便绘制
    cxt.translate(150, 100);
    //绘制一个半径为 100px 的圆
    cxt.arc(0, 0, 100, 0, Math.PI * 2, false);
    cxt.stroke();
    //开始一条新路径
    cxt.beginPath();
    //水平不缩放，垂直缩小为原来的 66%
    cxt.scale(1,0.66);
    //绘制圆
    cxt.arc(0, 0, 100, 0, Math.PI * 2, false);
    cxt.stroke();
</script>
</body></html>
```

代码运行结果如图 7.28 所示。

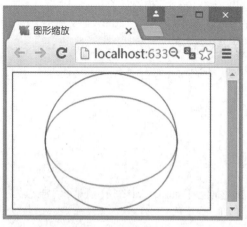

图 7.28　椭圆效果

示例 21 中图形缩放和绘制圆的顺序不能写错，应该按先缩放后绘图的顺序执行。

scale 经常与 translate 搭配使用，示例 22 演示了 scale 和 translate 配合使用的效果。

○示例 22

```
<!DOCTYPE html>
<html lang="en">
<head>
    <meta charset="UTF-8">
    <title>图形缩放</title>
</head>
<body>
<canvas id="mycanvas" style="border:1px solid black"
        height="200px" width="300px"></canvas>
<script>
    var canvas = document.getElementById("mycanvas");
    var cxt = canvas.getContext("2d");
    //初始坐标位移为(5,10)
    cxt.translate(5,10);
    //循环改变位移和缩放值
    for(var i=0;i<50;i++){
        cxt.translate(15,10);        //位移在上次的基础上每次水平移动15px，每次垂直移动10px
        cxt.scale(0.95,0.95);        //缩放在上次的基础上，每次都为上一次的95%
        cxt.beginPath();
        cxt.arc(0,0,15,0,2*Math.PI);
        cxt.globalAlpha=0.5;         //设置填充的透明度为0.5
        cxt.fillStyle="red";         //设置填充颜色为红色
        cxt.fill();
        cxt.stroke();
    }
</script></body></html>
```

效果如图 7.29 所示。

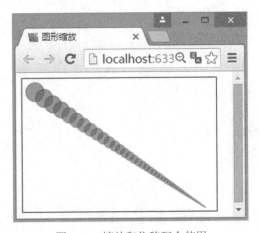

图 7.29　缩放和位移配合使用

Chapter
7

示例 22 通过循环改变位移和缩放的值，使位移和缩放在上一次的基础上发生变化，scale 和 translate 一样都是相对值，都是在上一次的基础上发生变化。globalAlpha 用于设置填充颜色的透明度。在本示例中纯粹是为了演示效果。

3.3 图形旋转

rotate 方法用于以原点为中心旋转 canvas，实质上仍是旋转 canvas 对象，也就是里面的图形，用法如下：

```
rotate(angle);
```

rotate 方法只有一个参数，即旋转角度 angle，旋转角度以顺时针为正方向，以弧度为单位，旋转中心是 canvas 的原点。

示例 23 演示了以 canvas 的(0, 0)点为圆心旋转约 30 度的效果。

⊃示例 23

```
<!DOCTYPE html>
<html lang="en">
<head>
    <meta charset="UTF-8">
    <title>canvas 旋转</title>
</head>
<body>
<canvas id="mycanvas" style="border:1px solid black"
        height="200px" width="300px"></canvas>
<script>
    var canvas = document.getElementById("mycanvas");
    var cxt = canvas.getContext("2d");
    //没有旋转的圆形
    cxt.beginPath();
    //绘制圆 a
    cxt.arc(150,50,30,0,2*Math.PI,true);
    cxt.fillStyle="pink";
    cxt.fill();
    cxt.stroke();
    //绘制旋转 30 度的圆 b
    cxt.beginPath();
    //以 canvas 的(0,0)点为圆心旋转
    cxt.rotate(Math.PI*0.167);
    cxt.arc(150,50,30,0,2*Math.PI,true);
    cxt.fillStyle="pink";
    cxt.fill();
    cxt.stroke();
</script>
</body>
</html>
```

运行结果如图 7.30 所示。

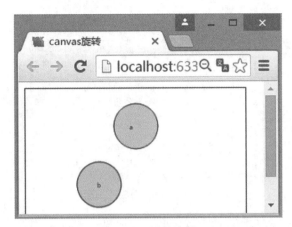

图 7.30   旋转效果

如图 7.30 所示，b 圆以左上角(0, 0)点为圆心旋转 30 度。如果使用 translate 改变位移，则以新的原点进行旋转。示例 24 演示了位移和旋转搭配使用的效果。

➲示例 24

```html
<!DOCTYPE html>
<html lang="en">
<head>
    <meta charset="UTF-8">
    <title>图形旋转</title>
</head>
<body>
<canvas id="mycanvas" style="border:1px solid black"
        height="200px" width="300px"></canvas>
<script>
    var canvas = document.getElementById("mycanvas");
    var cxt = canvas.getContext("2d");
    cxt.translate(150, 100);                 //设置坐标原点为 x=150，y=100
    for (var i = 0; i < 10; i++) {
        cxt.beginPath();
        cxt.rotate(Math.PI * 0.2);           //设置每次旋转的角度为 36 度
        cxt.arc(50, 50, 30, 0, 2 * Math.PI, true);  //设置圆的圆心和半径，确保其能在 canvas 区域中显示
        cxt.fillStyle = "pink";
        cxt.globalAlpha=0.5;                 //设置填充为半透明
        cxt.fill();
        cxt.stroke();
    }
</script>
</body>
</html>
```

显示效果如图 7.31 所示。

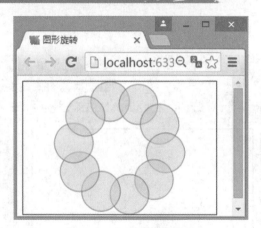

图 7.31 位移和旋转搭配

示例 24 最开始时，坐标系以 canvas 中心点为原点，绘制圆的时候，圆的初始位置 x 坐标和 y 坐标都是负数(-50, -50)，具体数值通过 canvas 画布的大小计算而来，然后以中心点为圆心开始旋转，每循环一次，旋转的角度为 Math.PI * 0.2，循环 10 次所显示的效果如图 7.31 所示。旋转效果和位移效果、缩放效果一样，都是以上一个状态为基础的。

操作案例 4：缩放旋转图形

需求描述

利用位移、缩放和旋转效果实现如图 7.32 所示的效果。

- 使用 translate、scale 和 rotate 方法实现坐标位移、图形缩放及旋转。
- 使用 for 循环使 canvas 的状态持续改变。
- 圆的初始半径为 50px，每次缩小 95%。
- 初始坐标位移为(180, 20)，每次循环位移水平、垂直都是 30px。
- 旋转角度为 Math.PI/12，填充透明度为 0.5。

完成效果

图 7.32 位移缩放和旋转效果

技能要点

● translate 的使用，scale 对图形的缩放，rotate 对图形的旋转。

● 使用 for 循环对上一次的状态进行改变。

● beginPath()方法的使用。

● 封闭元素填充效果的使用。

关键代码

```
//设置坐标位移
cxt.translate(180, 20);
//使用循环重复更改图形转换的状态
for (var i = 0; i < 80; i++) {
//位移改变
        cxt.translate(30, 30);
//缩放大小
        cxt.scale(0.95,0.95);
        cxt.rotate(Math.PI/12);
        cxt.beginPath();
//绘制圆
        cxt.arc(0, 0, 50, 0, 2 * Math.PI, true);
//给圆填充颜色
        cxt.fillStyle = "pink";
        cxt.globalAlpha=0.5;
        cxt.fill();
        cxt.stroke();
}
```

无论是位移、缩放，还是旋转，都是在上一次基础上执行的，比如上一次放大了 2 倍，在循环中又一次执行了 scale(2,2)，实际上比最开始放大了 2*2=4 倍。

实现步骤

（1）绘制 canvas，宽度为 300px，高度为 300px。

（2）使用 JavaScript 获取 canvas 对象和 canvas 中的对象。

（3）在内部设置位移、缩放和旋转。

（4）使用 beginPath()开始绘制。

（5）使用 arc 方法绘制一个圆。

（6）给圆填充颜色为粉色。

（7）绘制圆的圆周线。

本章总结

● canvas 是 HTML5 中新添加的用于绘图的元素。

● canvas 的坐标原点默认是左上角(0,0)，可以使用 translate 对坐标进行位移。

● 通过 moveTo 方法和 lineTo 方法能够绘制直线,使用多个坐标点能够绘制一个三角形,甚至多边形。

● 使用 rect 方法绘制矩形，arc 方法绘制圆形。

- 使用 quadraticCurveTo 方法绘制二次方贝塞尔曲线，bezierCurveTo 方法绘制三次方贝塞尔曲线。
- 使用 translate 对图形进行移动，使用 scale 对图形进行缩放，使用 rotate 对图形进行旋转。
- 图形变换是针对于上一个状态的，以上一个状态为基础进行变换。

本章作业

1. 请说出使用 canvas 绘制五边形的步骤。
2. 请写出使用 canvas 绘制圆弧的代码。
3. 请结合本章所学内容绘制如图 7.33 所示的五角星。

图 7.33　绘制五角星

注意：绘制五角星要计算坐标，先确定顶点坐标，再利用三角函数确定其他顶点的坐标。

```
var x = 120, y = 50;
context.beginPath();
//五角星边的长度为 100px，x1、h1 为五角星的底部点坐标偏差值，x2、h2 为五角星上部点坐标偏差值
var x1 = 100 * Math.sin(Math.PI / 10);
var h1 = 100 * Math.cos(Math.PI / 10);
var x2 = 50;
var h2 = 50 * Math.tan(Math.PI / 5);
```

4. 结合本章示例 11 内容实现如图 7.34 所示的饼图。绘制饼图就是绘制多个扇形，下一个扇形的起始角度就是上一个扇形的结束角度，几个扇形的角度之和是 2*Math.PI。

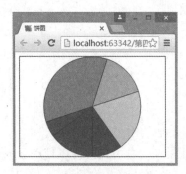

图 7.34　饼图效果

5. 请登录课工场，按要求完成预习作业。

canvas 高级功能

本章技能目标

- 掌握在 canvas 中使用渐变
- 掌握在 canvas 中使用图形组合
- 掌握在 canvas 中绘制阴影
- 掌握在 canvas 中绘制图像和文字

本章简介

在第 7 章中已经讲解了 canvas 元素的基本用法，包括绘制直线、多边形、圆形、贝塞尔曲线以及在 canvas 中进行坐标位移、图形缩放和旋转，这些虽然都是 canvas 的基本用法，但也颠覆了之前在编写 HTML 时只能添加图片的概念，使用 canvas 能实现很多酷炫的效果。然而，canvas 的用法远不仅于此，在很多时候都会用到 canvas 更加高级的用法，比如可以使用 canvas 在页面上绘图，或者运用渐变效果，如导航栏的渐变、图片的渐变等。有时候需要对图像进行一些处理，首先就可以把图像绘制在 canvas 上，或者直接使用 canvas 进行绘图，本章将对 canvas 的高级功能进行详细的讲解。

1 canvas 高级功能

1.1 渐变

渐变是指有规律性的变化。渐变的形式给人很强的节奏感和审美情趣。渐变的形式，在日常生活中随处可见，是一种很普遍的视觉形象。由于绘图中透视的原理，物体就会出现近大远小的变化，例如公路两边的电线杆及树木、建筑物的阳台、铁轨的枕木延伸到远方等，这么多的自然现象都充满了渐变的特点。

渐变分为两种，线性渐变和径向渐变。所谓线性渐变，是指从开始地点到结束地点，颜色呈直线地徐徐变化的效果。为了实现这种效果，绘制时必须制定开始和结束的颜色。而在canvas 中，不仅可以指定开始和结尾的两点，中途的位置也能任意指定，所以可以实现各种奇妙的效果。渐变可用于填充矩形、圆形、线条、文本等。

在绘制之前先创建 canvas 元素，代码如下：

```
<!DOCTYPE html>
<html lang="en">
<head>
    <meta charset="UTF-8">
    <title>canvas 高级功能</title>
</head>
<body>
<canvas id="mycanvas" style="border:1px solid black"
        height="200px" width="300px"></canvas>
</body>
<script></script>
</html>
```

由于本章中所有的示例都是在上面所示的 HTML 代码段中执行的，以下不再列出此段代码。

绘制线性渐变，需要使用 createLinearGradient 方法，createLinearGradient 方法的语法结构如下所示：

```
var canvasGradient =context.createLinearGradient(x0,y0,x1,y1);
```

其中 x0、y0 是渐变开始时的坐标，x1、y1 是渐变结束时的坐标。这个方法可以创建一个canvasGradient 对象，可使用这个对象的 addColorStop 方法添加颜色，addColorStop 方法规定了 canvasGradient 对象中的颜色和位置，其语法结构如下所示：

```
canvasGradient.addColorStop(stop,color);
```

stop 介于 0.0 与 1.0 之间的值，表示渐变中开始与结束之间的位置。color 是在结束位置显示的 CSS 颜色值。在绘制渐变的时候，可以多次调用 addColorStop 方法来改变渐变。如果不对 canvasGradient 对象使用该方法，渐变将不可见。因此在实现渐变的时候，至少需要创建一个 addColorStop 方法，使用 addColorStop 方法添加的颜色渐变区域也被称为色标。示例 1 展示了一个简单的线性渐变。

●示例 1

```
<script>
    //获得画布对象
    var canvas = document.getElementById("mycanvas");
    var context = canvas.getContext("2d");
    //设置线性渐变
    //获取 canvasGradient 对象，用于实现渐变
    var g = context.createLinearGradient(10,0,200,0);
    g.addColorStop(0,'rgb(255,0,0)');     //设置从 0 开始，颜色为红色
    g.addColorStop(0.5,'rgb(0,255,0)');   //在直线一半的位置处，颜色变为绿色
    g.addColorStop(1,'rgb(0,0,255)');     //在直线的最末端，颜色变为蓝色
    //绘制渐变线段
    context.strokeStyle = g;
    //绘制直线，该直线在渐变区域内
    context.moveTo(10,30);
    context.lineTo(200,160);
    //设置直线宽度为 5px
    context.lineWidth=5;
    context.stroke();
</script>
```

运行效果如图 8.1 所示。

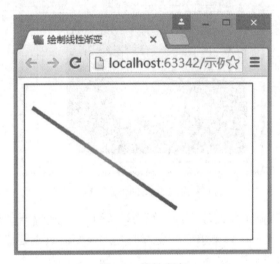

图 8.1　线性渐变

　　示例 1 演示了一个线性渐变的效果，context.createLinearGradient(10,0,200,0);创建了一个渐变区域，在该代码中，x 坐标值是从 10 到 200，而 y 的坐标值起止点都是零，表示在水平方向上渐变而在垂直方向不渐变，利用 addColorStop 方法绘制渐变的颜色和位置，以及渐变色的数量。注意如果仅仅设置渐变，在页面上没有任何效果，因此，在设置渐变之后还要绘制图形，才能展示出渐变效果。

　　示例 1 展示了一个线段的渐变，示例 2 展示了矩形渐变的实现效果。

⊃示例 2

```
<script>
    //获得画布对象
    var canvas = document.getElementById("mycanvas");
    var context = canvas.getContext("2d");
    //设置线性渐变
    //获取 canvasGradient 对象，用于实现渐变
    var g = context. createLinearGradient (10,0,200,0);
    g.addColorStop(0,'rgb(255,0,0)');    //设置从 0 开始，颜色为红色
    g.addColorStop(0.5,'rgb(0,255,0)'); //在直线一半的位置处，颜色变为绿色
    g.addColorStop(1,'rgb(0,0,255)');    //在直线的最末端，颜色变为蓝色
    //绘制渐变矩形
    context.fillStyle=g;                 //填充使用渐变
    context.rect(10,10,250,180);
    context.fill();
</script>
```

运行效果如图 8.2 所示。

图 8.2 矩形渐变

示例 2 在示例 1 的基础上将线段变成了矩形，从图 8.2 可以看出，渐变都是在水平方向发生，垂直方向没有发生渐变，如果想使渐变方向发生改变，只需要修改 createLinearGradient 方法的起始坐标和结束坐标。

将示例 2 的 var g = context. createLinearGradient (10,0,200,0);代码分别改为：

```
var g = context.createLinearGradient(0,0,0,200);        //垂直渐变
var g = context.createLinearGradient(0,0,200,200);      //从左上角到右下角的渐变
```

context.createLinearGradient(0,0,0,200)表示水平渐变的起止坐标都是 0，垂直渐变的起止坐标为 0 和 200，也就是说在水平方向上没有渐变，在垂直方向上有渐变，而 context.createLinearGradient(0,0,200,200)表示水平渐变坐标为 0 到 200，垂直方向渐变坐标依旧为 0 到 200，可以理解为渐变从左上角(0, 0)持续到右下角(200, 200)。

分别执行代码，效果如图 8.3 和图 8.4 所示。

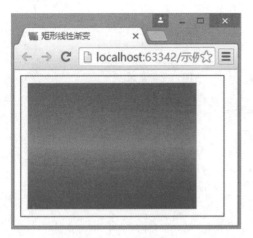

图 8.3　垂直线性渐变

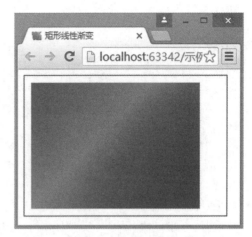

图 8.4　对角线线性渐变

使用 addColorStop 方法可以添加多个色标，色标的添加也并非一定要从 0 位置开始到 1 位置结束，而是可以在 0 到 1 之间任意添加。

除了绘制线性渐变外，canvas 还可以绘制径向渐变，径向渐变是指沿着圆形的半径方向向外进行扩散的渐变方式。比如在描绘太阳时，沿着太阳的半径方向向外扩散出去的光晕，就是一种径向渐变。径向渐变和线性渐变相似，是由圆心（或者是较小的同心圆）开始向外扩散渐变的效果。线性渐变指定了起点和终点，径向渐变则指定了开始圆和结束圆的圆心和半径。

要绘制径向渐变，则首先需要使用 createRadialGradient 方法创建 canvasGradient 对象，然后使用 addColorStop 方法进行上色，createRadialGradient 用法如下：

```
context.createRadialGradient(x0,y0,r0,x1,y1,r1);
```

createRadialGradient 方法的参数如表 8.1 所示。

表 8.1　createRadialGradient 方法的参数

参数	描述
x0	渐变的开始圆的 x 坐标
y0	渐变的开始圆的 y 坐标
r0	开始圆的半径
x1	渐变的结束圆的 x 坐标
y1	渐变的结束圆的 y 坐标
r1	结束圆的半径

其中参数 x0、y0、r0 定义了一个以(x0, y0)为圆心，r0 为半径的圆，参数 x1、y1、r1 定义了一个以(x1, y1)为圆心，r1 为半径的圆。

要绘制径向渐变首先是利用 createRadialGradient 方法指定渐变的首末圆得到 canvasGradient 对象，再对这个对象使用 addColorStop 方法指定各个位置的色标。最后，将 canvasGradient 对象作为 fillStyle 属性的值，对 context 对象进行填充。

示例 3 演示了径向渐变圆心为(150, 100)，半径在 10px 到 100px 的区域内，添加了 3 个色标的渐变。

⊃示例 3

```
<script>
    //获得画布对象
    var canvas = document.getElementById("mycanvas");
    var context = canvas.getContext("2d");
    //设置径向渐变
    //获取 canvasGradient 对象，用于实现渐变
    var g = context.createRadialGradient(150,100,10,150,100,100);
    g.addColorStop(0, "yellow");          //黄
    g.addColorStop(0.3,'rgb(255,0,0)');   //红
    g.addColorStop(0.5,'rgb(0,255,0)');   //绿
    g.addColorStop(1,'rgb(0,0,255)');     //蓝
    //绘制渐变矩形
    context.fillStyle=g;
    context.rect(50,10,200,180);
    context.fill();
</script>
```

示例 3 的径向渐变是从内部的圆开始填充到外部的矩形结束，而示例 4 演示了在内部圆开始填充到外部圆上结束的径向渐变。

⊃示例 4

```
<script>
    //获得画布对象
    var canvas = document.getElementById("mycanvas");
    var context = canvas.getContext("2d");
    //设置径向渐变
    //获取 canvasGradient 对象，用于实现渐变
    var g = context.createRadialGradient(150,100,10,150,100,100);
    g.addColorStop(0, "yellow");          //黄
    g.addColorStop(0.3,'rgb(255,0,0)');   //红
    g.addColorStop(0.5,'rgb(0,255,0)');   //绿
    g.addColorStop(1,'rgb(0,0,255)');     //蓝
    //绘制渐变圆形
    context.fillStyle=g;
    context.arc(150, 100, 100, 0, 2 * Math.PI, true);
    context.fill();
</script>
```

示例 3 和示例 4 的效果分别如图 8.5 和图 8.6 所示。

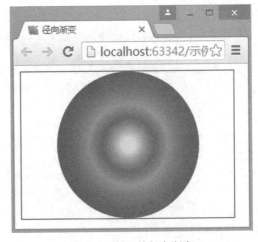

图 8.5　矩形的径向渐变　　　　　　　　图 8.6　圆形的径向渐变

示例 3 和示例 4 的径向渐变的内部都是以半径为 10px 的圆开始的，从圆心到 10px 的区域实际上没有定义颜色，但是内部使用最里面的颜色，渐变区域最外面的半径是 100px，而示例 3 绘制的矩形区域除去中心半径为 100px 的圆被径向渐变覆盖以外，还有圆以外的矩形部分，剩下的部分采用最外面的颜色填充，示例 3 中采用的是蓝色填充，线性渐变也是一样的效果。

不同的浏览器对渐变的支持效果不同，读者可以在http://caniuse.com/网站上查看，在此不再解释兼容性的问题。

示例 3 和示例 4 演示了在 canvas 中使用径向渐变的方法，不过这两个示例仅仅是在 canvas 中使用一个径向渐变，没有实际的应用价值。在 canvas 中不仅仅只能添加一个渐变，有时可以通过不同的渐变位置创建若干个渐变，然后再使用这些渐变实现精美的图像效果，示例 5 使用循环创建多个径向渐变描绘了太阳光的效果。

⊃示例 5

```html
<canvas id="canvas" width="400" height="300"></canvas>
<script>
    var canvas = document.getElementById("canvas");
    var context = canvas.getContext("2d");
    //绘制右上角的太阳
    //绘制径向渐变，右上角作为渐变起点，表示太阳的中心
    var g1 = context.createRadialGradient(400, 0, 0, 400, 0, 400);
    //添加太阳处的色标
    g1.addColorStop(0.1, 'rgb(255,255,100)');
    //添加太阳附近的色标
    g1.addColorStop(0.3, 'rgb(246,255,200)');
    //添加天空颜色的色标
    g1.addColorStop(1, 'rgb(43,103,255)');
    //绘制矩形用于填充，表示太阳光放射的渐变背景
    context.fillStyle = g1;
    context.rect(0, 0, 400, 300);
    context.fill();
```

```
//绘制光线效果，光线效果有 3 个色标
var g2 = context.createRadialGradient(250, 250, 0, 250, 250, 300);
g2.addColorStop(0.1, 'rgba(255,240,50,0.5)');
g2.addColorStop(0.7, 'rgba(255,255,180,0.5)');
g2.addColorStop(1, 'rgba(255,255,255,0.5)');
//绘制表示光线的圆
for (var i = 0; i < 10; i++) {
    context.beginPath();
    context.fillStyle = g2;
    //表示光线的圆由小变大
    context.arc(i * 25, i * 25, i * 5, 0, Math.PI * 2, true);
    context.closePath();
    context.fill();
}
</script>
```

示例 5 的运行效果如图 8.7 所示。

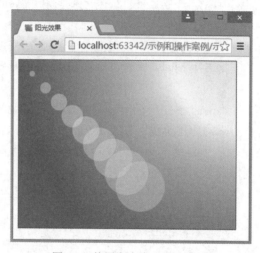

图 8.7　使用渐变实现阳光效果

示例 5 中使用了两个径向渐变。第一个径向渐变表示太阳，以右上角为圆心，400px 为半径，使用矩形填充来表示阳光的放射效果，从渐变的圆心处向外进行扩散渐变，再使用 for 循环由小到大生成 10 个圆，从(250, 250)圆心处开始渐变，实际的光线辐射情况是从最大的圆开始到最小的圆结束，表现出光照效果。

操作案例 1：立体球形效果

需求描述

利用径向渐变实现如图 8.8 所示的立体球形效果。

● 使用径向渐变实现立体图效果。

● 径向渐变初始圆的圆心为(100, 50)，半径为 20px，结束圆的圆心为(120, 70)，半径为 50px。

● 渐变色标位置为 0，0.9，1，对应颜色为#EE84AA，#FF0188，rgba(255,1,136,0)。

完成效果

图 8.8　立体图形

技能要点

● 径向渐变的使用：createRadialGradient。

● 使用 addColorStop 方法添加色标。

● 使用 fillStyle 获取径向渐变的对象。

关键代码

```
//获得画布对象
var canvas = document.getElementById("mycanvas");
var context = canvas.getContext("2d");
//设置径向渐变
//获取 canvasGradient 对象，用于实现渐变
var radial = context.createRadialGradient(100,50,20,120,70,50);
radial.addColorStop(0,'#EE84AA');
radial.addColorStop(0.9,'#FF0188');
radial.addColorStop(1,'rgba(255,1,136,0)');
context.fillStyle = radial;
context.fillRect(0,0,300,300);
```

　　为了实现球形效果，径向渐变的起始圆和结束圆不能在同一个圆心，否则会变成多彩圆环。要想实现立体效果，两个圆心必须有偏移，一般结束圆的圆心在开始圆的圆心右下方，因为一般为体现立体效果，光从左上方开始照射，因此要在左上方显示光晕效果。

实现步骤

（1）绘制 canvas，宽度为 400px，高度为 300px。

（2）使用 JavaScript 获取 canvas 对象和 canvas 上下文对象。

（3）设置径向渐变的区域和颜色。

（4）绘制圆形作为径向渐变的填充对像。

　　代码 radial.addColorStop(1,'rgba(255,1,136,0)');所表示的透明度是完全透明，也就是说 rgba 前三个参数没起到作用，只要设置为 0 到 255 的任意值都可以，目的是清空渐变区域以外的颜色，因为渐变起点之前与渐变终点之后还会有填充颜色，起点之前的颜色就是起点色，终点之后的颜色一直是终点色。如果要终止终点色，可以在终点色之后再填一个透明的终点色。

1.2 图形组合

一般情况下，图形如果有重合部分，后绘制的图形会覆盖先绘制的图形，如图 8.9 所示。

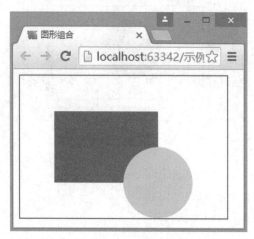

图 8.9　图形组合

图 8.9 中先绘制的是矩形，后绘制的是圆形，其中圆形和矩形有部分重合，重合的部分矩形被圆形覆盖。不过可以通过改变 context 对象的 globalCompositeOperation 属性来更改图形相互组合或者覆盖的方式。目前 HTML5 标准中 globalCompositeOperation 属性共有 12 个值，即 12 种可选的组合方式，如表 8.2 所示。其中矩形为先绘制的图形，圆形为后绘制的图形。

表 8.2　globalCompositeOperation 属性的值

属性	示例	属性	示例
source-over：这是默认设置，新图形会覆盖在原有内容之上		**destination-over**：会在原有内容之下绘制新图形	
source-in：新图形中会仅仅出现与原有内容重叠的部分，其他区域都变成透明的		**destination-in**：原有内容中与新图形重叠的部分会被保留，其他区域都变成透明的	
source-out：只有新图形中与原有内容不重叠的部分会被绘制出来		**destination-out**：原有内容中与新图形不重叠的部分会被保留	
source-atop：新图形中与原有内容重叠的部分会被绘制，并覆盖于原有内容之上		**destination-atop**：原有内容中与新图形重叠的部分会被保留，并会在原有内容之下绘制新图形	

续表

属性	示例	属性	示例
lighter：两图形中重叠部分做加色处理		**darker:** 两图形中重叠的部分做减色处理	
xor：重叠的部分会变成透明		**copy**：只有新图形会被保留，其他都被清除掉	

这几个属性的用法基本相同，只是效果不同，以 destination-over 为例，destination-over 功能是让原始图形覆盖目标图形，见示例 6。

⊃示例6

```
<script>
    var canvas = document.getElementById("mycanvas");
    var cxt = canvas.getContext("2d");
    cxt.beginPath();
    cxt.rect(50, 50, 150, 100);                        //绘制第一个矩形
    cxt.fillStyle = "red";
    cxt.fill();
    cxt.globalCompositeOperation="destination-over";   //设置图形组合
    cxt.beginPath();
    cxt.arc(200, 150, 50, 0, Math.PI * 2);             //绘制圆形
    cxt.fillStyle = "pink";
    cxt.fill();
</script>
```

示例 6 演示了 destination-over 的效果，绘制的图形组合时，用原始图形覆盖新图形。显示效果为原始图形在上，新绘制的目标图形在下面显示，效果如图 8.10 所示。

图 8.10　destination-over 效果

其他的几个属性的用法与 destination-over 相同，读者可以自己去验证，在此不一一演示。

1.3　创建阴影

CSS3 能够实现阴影效果，同样 canvas 也能实现阴影效果，甚至比 CSS3 还要更加细腻，如果要在 canvas 中创建阴影效果，需要用到 4 个属性：shadowOffsetX、shadowOffsetY、shadowBlur 和 shadowColor。

shadowOffsetX 为阴影水平偏移量，shadowOffsetY 为阴影垂直偏移量，默认值都是 0，正值表示向右或向下偏移，负值表示向左或向上偏移，0 表示不偏移。shadowBlur 表示阴影模糊的程度，默认值为 0，表示不模糊，其值越大，模糊程度越大，其数值与像素数量无关。shadowColor 表示阴影的颜色，可以指定为一个 CSS 字符串，并且可以设置透明度，默认值为"black"。

下面通过示例 7 演示阴影效果。

⊃示例 7

```
<script>
    var canvas = document.getElementById("mycanvas");
    var cxt = canvas.getContext("2d");
    cxt.shadowOffsetX=20;      //设置水平方向偏移量为 20px
    cxt.shadowBlur=10;         //设置模糊程度为 10
    cxt.shadowColor="black";   //设置阴影颜色为 black
    cxt.fillStyle="red";
    cxt.fillRect(20,20,150,100);
</script>
```

示例 7 运行效果如图 8.11 所示。

图 8.11　阴影效果

示例 7 中，首先得到画布并取得 context，调用方法添加阴影相关属性，包括偏移、模糊程度和阴影颜色，然后调用 fillRect()方法生成图形。fillRect()方法表示绘制"已填色"的矩形。

以下两段代码的效果完全相同。

代码段一：

```
cxt.fillStyle="red";
cxt.fillRect(20,20,150,100);
```

代码段二：

```
cxt.fillStyle="red";
cxt.rect(20,20,150,100);
cxt.fill();
```

1.4 绘制图像和文本

1.4.1 绘制图像

在 HTML5 中，除了可利用 canvas 绘制矢量图形之外，还可以在 canvas 上绘制现有的图像。使用 canvas 绘制图像需要用到 canvasRenderingContext2D 对象的主要属性和方法，我们可以使用 drawImage()方法，该方法具有三种不同的重载情况，每种方法重载接收的参数不同，实现的效果也不同。第一种重载只接收要绘制的图像和在 canvas 上绘制的坐标。语法结构如下：

```
canvas.drawImage(image, x, y);
```

drawImage 方法以 canvas 上指定的坐标点(x, y)开始，按照图像的原始尺寸大小绘制整个图像。这里的 image 可以是 Image 对象，也可以是 canvas 对象，以下用到的 Image 对象和此处的相同。

下面的代码演示了 drawImage 的用法：

```
var img = new Image();            //创建图片对象
img.src = "img/img.jpg";          //将 img 文件夹中的 img.jpg 图片添加到 Image 对象中
canvas.drawImage( img, 10, 10);   //在 canvas 中(10, 10)的位置处绘制 img
```

drawImage 方法的第二种重载在第一种重载的基础上增加了指定绘制图像的大小功能，语法结构如下：

```
canvas.drawImage(image, x, y, width, height);
```

以 canvas 上指定的坐标点(x, y)开始，以指定的宽度 width 和高度 height 绘制整个 image 图像，图像将根据指定的尺寸自动进行相应的缩放。使用方法如下：

```
canvas.drawImage(img, 10, 10, 200, 100);/*在 canvas 中(10,10)的位置处绘制 img，指定绘制图像的大小为
宽 200px，高 100px*/
```

第三种方法重载的语法结构如下：

```
canvas.drawImage(image, imageX, imageY, imageWidth, imageHeight, canvasX, canvasY, canvasWidth,
canvasHeight);
```

前两种方法重载是把整个图像绘制在 canvas 中，而第三种方法重载用于在图像的指定位置剪切指定大小的部分图像，并在画布上定位绘制被剪切的部分：

● 指定要剪切的图像部分，即以(imageX, imageY)为左上角坐标，宽度为 imageWidth，高度为 imageHeight 的矩形部分。

● 将剪切部分绘制到 canvas 中以(canvasX, canvasY)为左上角坐标,宽度为 canvasWidth,高度为 canvasHeight 的矩形区域中。

下面对上述三种方法重载分别举例说明。首先,使用 drawImage(image, x, y)方法在 canvas 上绘制图像(原始尺寸为 800*513)。

示例 8 演示了将图 8.12 绘制到 canvas 中。

图 8.12　原始图片

⊃示例 8

```
<script>
    //获取 canvas 对象(画布)
    var canvas = document.getElementById("mycanvas");
    //获取对应的 canvasRenderingContext2D 对象(画笔)
    var ctx = canvas.getContext("2d");
    //创建新的图片对象
    var img = new Image();
    //指定图片的 URL
    img.src = "scence.jpg";
    //浏览器加载图片完毕后再绘制图像
    img.onload = function () {
        //以画布上的坐标(10,10)为起点绘制图像
        ctx.drawImage(img, 10, 10);
    }
</script>
```

效果如图 8.13 所示。

图 8.13 不修改大小的绘图效果

示例 8 中 img 使用了 img.onload 事件加载 drawImage 方法，是因为图片加载是异步的，如果不使用 onload 事件，相当于在图片没有加载完毕时就调用了 drawImage，这样不能加载图片，也就不能进行绘图了，由于图 8.13 所示的图像过大，超过了 canvas 的尺寸范围，因此只能显示出图像的一部分。如果要显示完整的图像，就要将要绘制的图像缩小，可以使用第二种方法重载将图像缩小到指定的宽度和高度，并绘制到 canvas 中，如示例 9 所示。

⊃ 示例 9

```
<script>
    //获取 canvas 对象（画布）
    var canvas = document.getElementById("mycanvas");
    //获取对应的 canvasRenderingContext2D 对象（画笔）
    var ctx = canvas.getContext("2d");
    //创建新的图片对象
    var img = new Image();
    //指定图片的 URL
    img.src = "scence.jpg";
    //浏览器加载图片完毕后再绘制图像
    img.onload = function () {
    //以画布上的坐标(0,0)为起点，绘制图像
    //图像的宽度和高度分别缩放到 350px 和 250px
    ctx.drawImage(img, 0, 0, 350, 250);
    }
</script>
```

显示效果如图 8.14 所示。示例 8 和示例 9 都是将完整的图像绘制到 canvas 中，有时候只需要绘制整张图像的部分内容，下面再通过示例 10 演示一下使用第三种方法重载将指定的部分图像绘制到 canvas 中。

图 8.14　绘制指定大小的图像

●示例 10

```
<script>
    //获取 canvas 对象（画布）
    var canvas = document.getElementById("mycanvas");
    //获取对应的 canvasRenderingContext2D 对象（画笔）
    var ctx = canvas.getContext("2d");
    var img = new Image();        //创建新的图片对象
    img.src = "scence.jpg";        //指定图片的 URL
    //浏览器加载图片完毕后再绘制图像
    img.onload = function () {
    /*将 img 中从(100,100)位置开始，宽度为 150px，高度为 100px 的图像部分绘制到 canvas 中的(10,10)
位置处，并且宽和高分别是 150px 和 100px*/
        ctx.drawImage(img,100, 100, 150, 100, 10, 10, 150, 100);
    };
</script>
```

　　示例 10 将图像左侧的部分（即以(100, 100)为左上角坐标，宽度为 150px，高度为 100px 的部分图像）绘制到 canvas 中以(10, 10)为左上角坐标，宽度为 150px，高度为 100px 的矩形区域。canvas 绘制图像的目标区域的宽度和高度与截取的部分图像尺寸保持一致，就表示不进行缩放，在原始尺寸的基础上截取部分图像。效果如图 8.15 所示。

图 8.15　截取图像

1.4.2　裁剪图像

在 HTML5 canvas 中，裁选区（clip region）可用于限制图像描绘的区域。clip()方法从原始画布中剪切任意形状和尺寸。一旦剪切了某个区域，则之后的所有绘图都会被限制在被剪切的区域内（不能访问画布上的其他区域）。使用 clip()方法时，先选择一片区域，然后使用例如 rect()之类的函数选择一片矩形区域，再使用 clip()函数将该矩形区域设定为裁选区。设定裁选区之后，无论在 canvas 元素上画什么，只有落在裁选区内的那部分才能得以显示，其余都会被遮蔽掉，示例 11 演示了 clip()的用法。

⊃示例 11

```
<script>
    //获取 canvas 对象（画布）
    var canvas = document.getElementById("mycanvas");
    //获取对应的 canvasRenderingContext2D 对象（画笔）
    var ctx = canvas.getContext("2d");
    //在(150,100)位置绘制半径为 50px 的圆作为裁选区
    ctx.arc(150,100,50,0,2*Math.PI);
    ctx.stroke();
    ctx.clip();//绘制裁选区
    //绘制背景
    //创建新的图片对象
    var img = new Image();
    //指定图片的 URL
    img.src = "scence.jpg";
    //浏览器加载图片完毕后再绘制图像
    img.onload = function () {
        ctx.drawImage(img,0, 0, 350, 250);
    };
</script>
```

效果如图 8.16 所示。

图 8.16　clip 裁剪圆形效果

1.4.3 画布状态的保存和恢复

在前面的学习中我们对画布进行过平移、缩放、旋转等操作，但是这些操作所面对的对象都是整个画布，也就是说无论画布上有多少元素，当我们对画布进行平移、缩放、旋转等操作时，所有的元素都是一起发生变化，假如在 canvas 中绘制了一个矩形和一个圆，我们想把矩形缩小 50%，而圆大小不变，编写代码如示例 12 所示。

⊃示例 12

```
<script>
    var canvas = document.getElementById("mycanvas");
    var cxt = canvas.getContext("2d");
    cxt.beginPath();
    cxt.scale(0.5, 0.5);//将画布缩小 50%
    cxt.rect(0, 0, 150, 100);
    cxt.fillStyle = "red";
    cxt.fill();
    cxt.beginPath();
    cxt.arc(200, 150, 50, 0, Math.PI * 2);
    cxt.fillStyle = "pink";
    cxt.fill();
</script>
```

运行代码发现，当矩形缩小的时候圆也一起缩小，并不是开始想象的单独缩放效果。这是因为 scale(0.5, 0.5);缩小的是整个画布，不仅把矩形缩小了，同样圆也缩小了。如果只想缩小矩形而不缩小圆，需要先通过 save()保存当前状态，然后缩小矩形，再通过 restore()方法恢复原状态，然后画圆即可，如示例 13 所示。

⊃示例 13

```
<script>
    var canvas = document.getElementById("mycanvas");
    var cxt = canvas.getContext("2d");
    cxt.save();//保存当前状态
    cxt.beginPath();
    cxt.scale(0.5, 0.5);
    cxt.rect(0, 0, 150, 100);
    cxt.fillStyle = "red";
    cxt.fill();
    cxt.restore();//恢复原来状态
    cxt.beginPath();
    cxt.arc(200, 150, 50, 0, Math.PI * 2);
    cxt.fillStyle = "pink";
    cxt.fill();
</script>
```

示例 13 涉及到两个新方法：canvas.save();和 canvas.restore();。这两个方法是相互匹配出现的，也就是说这两个方法必须同时出现，不能仅出现一个。其作用是用来保存画布的当前状态和取出保存的原状态。

在 canvas 中，如果想对特定的元素进行操作，比如图片、一个矩形等，当用 canvas 的方法来进行操作的时候，其实是对整个画布进行了操作，那么之后在画布上的元素都会受到影响，所以示例 13 中在缩放操作之前调用 canvas.save()来保存画布当前的状态，当操作之后取出之前保存过的状态，也就是说缩放前把画布的状态保存，然后进行缩放，缩放操作完成之后再把画布的原始状态取出来，这样在缩放状态（可以理解为 save()方法和 restore()方法之间的状态）中绘制的图像就保持缩放状态，在缩放状态之外绘制的图像就保持了原始的状态，即可对特定的元素进行操作而不会对其他的元素影响。示例 12 和示例 13 的显示效果如图 8.17 和图 8.18 所示。

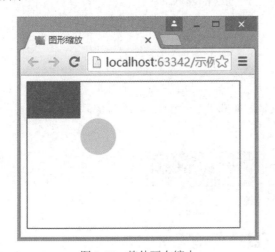

图 8.17　整体画布缩小

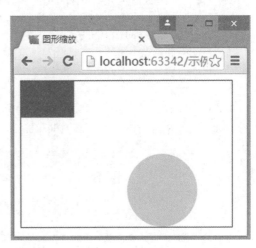

图 8.18　矩形缩小

1.4.4　createPattern 方法

createPattern()方法在指定的方向内重复指定的元素。和 CSS 中的 background-repeat 非常相似，重复指定的元素可以是图片、视频，或者其他 canvas 元素。被重复的元素可用于绘制/填充矩形、圆。语法结构如下所示：

```
context.createPattern(image,"repeat|repeat-x|repeat-y|no-repeat");
```

createPattern 的基本参数值如表 8.3 所示。

表 8.3　createPattern 参数

参数	描述
image	规定要使用的图片、画布或视频元素（此处以 image 为例）
repeat	默认，表示在水平和垂直方向重复
repeat-x	表示只在水平方向重复
repeat-y	表示只在垂直方向重复
no-repeat	表示只显示一次（不重复）

示例 14 演示了 createPattern() 的基本用法。

⤶ 示例 14

```
<script>
    //获得画布对象
    var canvas = document.getElementById("mycanvas");
    var context = canvas.getContext("2d");
    var img = new Image();//设置图像平铺
    img.src = "icon.jpg";
    img.onload = function(){
    //各种平铺效果
    //var ct = context.createPattern(img,"no-repeat");     /*type=no-repeat，不重复*/
    //var ct = context.createPattern(img,"repeat-x");      /*type=repeat-x，水平方向重复*/
    //var ct = context.createPattern(img,"repeat-y");      /*type=repeat-y，垂直方向重复*/
    var ct = context.createPattern(img,"repeat");          /*type=repeat，水平和垂直方向重复*/
    context.fillStyle = ct;
    context.fillRect(0,0,300,200);}
</script>
```

示例 14 演示了水平和垂直方向都平铺的效果，如图 8.19 所示。对于其他效果，读者可将示例 14 注释的内容去掉，运行程序即可。

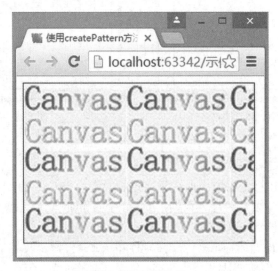

图 8.19　平铺效果

1.4.5　绘制文本

HTML5 的 canvas 中支持对 text 文本进行渲染，就是把文本绘制在画布上，并像图形一样处理它（可以加 shadow、pattern、color、fill 等效果）。

在 canvas 上添加文本有两种方式：

fillText() 方法在画布上绘制填色的文本，文本的默认颜色是黑色，语法结构如下：

```
context.fillText(text,x,y,maxWidth);
```

strokeText()方法在画布上绘制不带填充颜色的文本,文本的默认颜色也是黑色,语法结构如下:

```
context.strokeText(text,x,y,maxWidth);
```

这两个方法都具有如表 8.4 所示的参数。

表 8.4　fillText 及 strokeText 参数

参数	描述
text	规定在画布上输出的文本
x	开始绘制文本的 x 坐标位置(相对于画布)
y	开始绘制文本的 y 坐标位置(相对于画布)
maxWidth	可选,允许的最大文本宽度,以像素计

另外,关于文本的字体属性的设置可以使用 canvas.font 属性,该属性的用法与 CSS 中的 font 类似,用法如下:

```
context.font = "italic bold 24px serif"; //设置字体、加粗、字号、斜体。
context.font = "normal lighter 50px cursive";
```

fillText 方法通常与 fillStyle 搭配使用设置文本的填充颜色。strokeText 方法通常与 strokeStyle 属性搭配使用设置文本的描边效果。示例 15 演示了分别使用 fillText 方法和 strokeText 方法在 canvas 中绘制文本,读者可对比查看一下。

⊃ 示例 15

```
<script>
    //获得画布对象
    var canvas = document.getElementById("mycanvas");
    var cxt = canvas.getContext("2d");
    //设置字体是宋体,60px
    cxt.font="60px 宋体";
    //在(20,50)的位置绘制文本
    cxt.fillText("Hello Word",20,50);
    //设置线性渐变
    var g=cxt.createLinearGradient(0,60,300,200);
    //绘制色标
    g.addColorStop(0,"red");
    g.addColorStop(0.5,"green");
    g.addColorStop(1,"blue");
    cxt.fillStyle=g;
    //添加填充渐变文本
    cxt.fillText("Hello Word",20,100);
    //添加描边渐变文本
    cxt.strokeStyle=g;
    cxt.strokeText("Hello Word",20,150);
</script>
```

示例 15 绘制了三行文本,第一行是普通的文本,第二行是使用 fillText 方法加上渐变效果的填充文本,第三行是使用 strokeText 方法加上描边效果的文本。效果如图 8.20 所示。

图 8.20　绘制文本

操作案例 2：文字阴影

需求描述

利用绘制文本，添加阴影和渐变的方式实现如图 8.21 所示的效果。

- 文字大小要求 40px、宋体，加粗。
- 文字要求具有三个色标实现渐变。
- 文字具有阴影效果，看起来更加立体。

完成效果

图 8.21　文字渐变阴影效果

技能要点

- 使用 canvas 绘制文字。
- 线性渐变的使用。
- 添加文字的阴影效果。
- 封闭元素填充效果的使用。

关键代码

```
//获得画布对象
var canvas = document.getElementById("mycanvas");
var cxt = canvas.getContext("2d");
//设置字体是宋体，40px，加粗
cxt.font="bold 40px 宋体";
//设置线性渐变
```

```
var g=cxt.createLinearGradient(0,60,300,200);
//设置色标
g.addColorStop(0,"red");
g.addColorStop(0.5,"yellow");
g.addColorStop(1,"blue");
cxt.shadowOffsetX=5;          //设置水平方向偏移 5px
cxt.shadowOffsetY=3;          //设置垂直方向偏移 3px
cxt.shadowBlur=5;             //设置模糊程度为 5
cxt.shadowColor="black";      //设置阴影颜色为 black
cxt.fillStyle=g;
cxt.fillText("Hello Word",20,60)
```

实现步骤

（1）绘制 canvas，宽度为 300px，高度为 300px。

（2）使用 JavaScript 获取 canvas 对象和 canvas 上下文对象。

（3）在 canvas 内部设置字体字号，绘制文字。

（4）设置线性渐变，添加色标。

（5）设置阴影效果，添加阴影效果。

（6）给文字添加渐变。

2　绘制风景时钟

在本章第 1 节"canvas 高级功能"中讲解了 canvas 的图形效果操作，如渐变、组合、阴影以及绘制图像和文本。本节将利用所学知识制作一个综合性的风景时钟。最终效果如图 8.22 所示。

图 8.22　风景时钟

绘制风景时钟的主要步骤如下：

（1）在页面上添加 canvas，设置宽度和高度。

（2）绘制圆形表盘。

（3）图片作为表盘背景。

（4）利用线段和旋转绘制小时刻度和分钟刻度。

（5）利用直线绘制时针、分针和秒针，并根据当前的小时数、分钟数、秒数分别设置各个针的角度。

（6）将单调的表盘美化。

（7）使用 setInterval 方法，每隔一秒钟执行一次方法，使秒针具有转动效果。

通过这 7 个步骤，就可实现风景时钟的制作开发。接下来看一看其中的关键技术分析。

（1）添加 canvas 标签。

```
<canvas id="clock" width="500" height="500" style="background-color:black;"></canvas>
```

添加 JavaScript 代码获取 canvas 对象以及 canvas 上下文对象 context，添加 drawClock 方法。代码如下：

```
<script>
    var canvas = document.getElementById("clock");
    var cxt = canvas.getContext("2d");
    function drawClock() {        }
</script>
```

（2）绘制钟表的表盘，圆心为(250, 250)。

```
cxt.strokeStyle = "#00FFFF";      //设置矩形颜色
cxt.lineWidth = 10;               //设置边线宽度
cxt.beginPath();
cxt.arc(250, 250, 200, 0, 360);   //绘制圆形
cxt.stroke();
cxt.closePath();
cxt.clip();                       //裁剪圆形
```

效果如图 8.23 所示。

（3）从画布左上角，绘制一张宽 420px、高 420px 的图片，由于使用了 clip 进行了裁剪处理，只能显示圆形表盘部分，因此显示效果如图 8.24 所示。

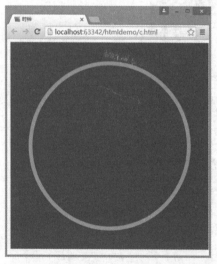

图 8.23　表盘效果

图 8.24　表盘加入背景

（4）添加刻度，钟表都是由小时刻度和分钟刻度组成，因此需要绘制小时刻度和分钟刻度，而且由于表盘是圆形，因此小时刻度和分钟刻度都需要有旋转效果。

对于小时刻度来讲，表盘上只有 12 个小时刻度，而表盘是圆形 360 度，所以每次只旋转 30 度，然后再增加下一个刻度，可以使用较长的直线完成。代码如下所示：

```
for (var i = 0; i < 12; i++) {    //表盘上有 12 小时，因此要循环 12 次
    cxt.save();              //保存当前状态
    cxt.lineWidth = 7;        //设置小时刻度宽度
    cxt.strokeStyle = "#FFFF00";
    //设置原点
    cxt.translate(250, 250);
    //设置旋转角度
    cxt.rotate(30 * i * Math.PI / 180);//弧度=角度*Math.PI/180
    cxt.beginPath();
    cxt.moveTo(0, -175);
    cxt.lineTo(0, -195);
    cxt.stroke();
    cxt.closePath();
    cxt.restore();//把原来状态恢复回来
}
```

这段代码的功能是用短直线表示小时刻度，使用 translate 将坐标原点位移到(250,250)，然后以此为圆心将 canvas 旋转 30*i* Math.PI / 180 度。

这里注意 save()和 restore()方法的使用，save()方法先保存状态，然后再进行位移旋转等变换，变换完成后再把原来状态恢复。如果不使用 save()和 restore()方法，每一次变换都是基于上一次变换，这样再要实现一个表盘刻度比较困难，需要重新设置位移和旋转角度。

分钟刻度的做法和小时刻度做法完全相同。只是刻度的角度不同，一小时 60 分钟，也就是表盘上一圈有 60 个刻度，分针每次旋转 6 度。所以，分钟刻度的弧度计算方式是：i * 6 * Math.PI / 180。

分钟刻度的代码和小时刻度的基本相同，只需要将计算小时的代码改换成分钟的代码即可。效果如图 8.25 所示。

图 8.25   添加刻度

（5）绘制时针、分针和秒针，由于时针、分针和秒针都要转动，所以需要设计表针旋转的位置，首先获取系统时间，代码如下：

```
var now = new Date();        //获取时间对象
var sec = now.getSeconds();  //获取当前秒数
var min = now.getMinutes();  //获取当前分钟数
var hour = now.getHours();   //获取小时数
//由于表盘只有 12 个小时，因此大于 12 的时间从 0 开始计算，比如 13 点就是 1 点
hour > 12 ? hour - 12 : hour;
//在不是整点的时候时针在两个时钟刻度之间，因此要计算小数位的小时，为后面的计算做准备
hour += (min / 60);
```

还要注意要清空整个画布，由于每一秒钟绘制一次秒针的位置，不清空会重复绘制，因此在绘制之前需要清空画布。

```
cxt.clearRect(0, 0, canvas.width, canvas.height);//清空整个矩形的画布
```

获取时间以后可根据具体时间绘制表针的旋转角度，此处以小时为例，每小时时针旋转一个刻度，因此每小时旋转 30 度，计算方法为：hour * 30 * Math.PI / 180。

此处的 hour 是上文中获取的当前小时数，代码如下：

```
cxt.lineWidth = 7;
cxt.strokeStyle = "#00FFFF";
cxt.translate(250, 250);
cxt.rotate(hour * 30 * Math.PI / 180);//每小时旋转 30 度
cxt.beginPath();
cxt.moveTo(0, -130);
cxt.lineTo(0, 10);
cxt.stroke();
cxt.closePath();
cxt.restore();
```

利用直线绘制时针、分针和秒针，绘制方法基本相同，区别是每次旋转的角度和旋转间隔时间不同，分针每一分钟移动一个刻度，秒针每一秒钟移动一个刻度，分针和秒针旋转度数的算法分别为：min * 6 * Math.PI / 180，sec * 6 * Math.PI / 180。

其中 min 和 sec 分别指当前的分钟数和秒钟数。对于分针及秒针的代码，读者可按照时针的代码编写，此处不再列出，效果如图 8.26 所示。

图 8.26　添加时针、分针和秒针

图 8.26 中所示的时针、分针和秒针看起来比较单调。一般钟表上的指针都有一定的装饰，因此这里也需要给指针加上一些装饰。

```
//美化表盘，画中间的小圆
cxt.beginPath();
//绘制圆形
cxt.arc(0, 0, 7, 0, 360);
//填充颜色
cxt.fillStyle = "#FFFF00";
cxt.fill();
//边线颜色
cxt.strokeStyle = "#FF0000";
cxt.stroke();
cxt.closePath();
//秒针上的小圆
cxt.beginPath();
cxt.arc(0, -140, 7, 0, 360);
cxt.fillStyle = "#FFFF00";
cxt.fill();
cxt.stroke();
cxt.closePath();
cxt.restore();
```

上面的代码分别为表盘中心和秒针上画小圆用于装饰整个表盘，最终显示效果如图8.27所示。

图 8.27　美化指针

由于秒针是每秒钟旋转一次刻度，因此需要使用 setInterval 方法每间隔一秒循环执行一次 drawClock 方法。

```
drawClock();
setInterval(drawClock, 1000);
```

到这里，风景时钟基本就完成了。

操作案例 3：完善风景时钟

需求描述

基于图 8.22，使风景时钟显示数字时间和"Made in China"。

- 使用 fillText 添加文本。
- 使用 strokeText 绘制文本。

技能要点

- fillText 的使用。
- 在绘画中添加文本。
- 对绘画中的文本进行修饰。

关键代码

```
//显示数字时间
cxt.font = "18px 微软雅黑";
cxt.fillStyle = "#FFFFFF"      //设置填充颜色
hours=now.getHours();          //获取小时数
var str =( hours > 10 ? hours : ("0" + hours)) + ":" + (min > 10 ? min : ("0" + min))+":" + (sec > 10 ? sec : ("0"
+ sec));//设置小时、分钟和秒的格式
cxt.fillText(str, 215, 380);     //绘制文本
```

实现步骤

请将该代码写在风景时钟的 drawClock 方法的最后部分。

操作案例 4：实现销售额的柱状图

需求描述

通过 canvas 和 JavaScript 绘制半年的销售额的柱状图，效果如图 8.28 所示。

完成效果

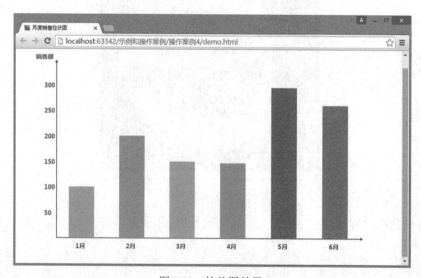

图 8.28　柱状图效果

技能要点

- 使用 canvas 中的方法绘制直线。
- 在 canvas 中添加文本。
- 在 canvas 中添加矩形。
- 填充颜色。

关键代码及实现步骤

（1）获取和设置基础数据。

```
var data = {
    width:900,
    height:500,
    maxValue:300,
    xAxis:["1 月","2 月","3 月","4 月","5 月","6 月"],
    starRate:[100,200,150,147,295,260],
    rectColor:["#b5cb85","#E0A197","#C8C29E","#9EB7C8","#A8787E","#78A87A"],
};
var canvas,ctx;
var x_scale = 0,y_scale = 0,heightVal=0,stepWidth=0,stepHeight=0;
var stepYArr = [],stepXArr = [];
var arrowWidth = 4,arrowHeight = 6;
var stepNum = 6;
var str1 = "销售额";
```

（2）获取 canvas 信息。

```
canvas = document.getElementById("canvas");
canvas.width = data.width;
canvas.height = data.height;
x_scale = data.width/10;        //X 轴刻度
y_scale = data.height/10;       //Y 轴刻度
ctx = canvas.getContext("2d");
```

（3）绘制 X 轴信息。

```
var drawXAxis = function(xAxis){
ctx.beginPath();//清除之前的路径，开始一条新的路径
//画 X 轴横线
ctx.moveTo(x_scale,canvas.height-y_scale);
ctx.lineTo(canvas.width-x_scale,canvas.height-y_scale);
//加标签
var len = xAxis.length;
stepWidth = (canvas.width - 2*x_scale)/len;//第一个柱状图所占的宽度
for(var i=0; i<len; i++){
    //画标签，默认字体大小为 14px
    ctx.font = "normal normal bold 14px 微软雅黑";
    ctx.fillStyle = "#285ea6";
    //设置 X 轴显示的字体
    ctx.fillText(xAxis[i],x_scale+(i+0.5)*stepWidth-xAxis[i].length*14/2,
    canvas.height-y_scale + 24);
    stepXArr.push(x_scale+(i+1)*stepWidth);
```

```
        }
        ctx.stroke();
        //加箭头
        drawArrow(canvas.width-x_scale,canvas.height-y_scale,false);
    }
```

（4）绘制 Y 轴信息。

```
var drawYaxis = function(maxValue,step){
    ctx.beginPath();
    //画 Y 轴线
    ctx.moveTo(x_scale,y_scale);
    ctx.lineTo(x_scale,canvas.height-y_scale);
    //加标签
    stepHeight = (canvas.height - 3*y_scale)/step;
    heightVal = (canvas.height - 3*y_scale )/maxValue;//比例
    for(var i=1; i<=step; i++){
        ctx.font = "normal normal bold 14px 微软雅黑";
        //添加 Y 轴刻度字体
        ctx.fillText(maxValue/step*i,x_scale-30,canvas.height-y_scale-stepHeight*i+7);
        stepYArr.push(canvas.height-y_scale-stepHeight*i);
    }
    ctx.stroke();
    //加箭头
    drawArrow(x_scale,y_scale,true);
    //加 Y 轴顶部字体
    ctx.fillText(str1,x_scale-50,y_scale-8);
}
```

（5）绘制柱状图。

```
//画柱状图
var drawRect = function(starRate,colorArr){
    var rectWidth = stepWidth/2;
    for(var i=0,len=starRate.length;i<len;i++){
        ctx.beginPath();
        ctx.fillStyle = colorArr[i];
        ctx.fillRect(stepXArr[i]-stepWidth/2-rectWidth/2,canvas.height-y_scale-starRate[i]*heightVal,
            rectWidth,starRate[i]*heightVal);
        ctx.fill();
    }
}
```

（6）绘制 X 轴顶端及 Y 轴顶端的箭头。

```
//画箭头
var drawArrow = function(left,top,flag){
    ctx.beginPath();
    ctx.moveTo(left,top);
    if(flag){
        ctx.lineTo(left+arrowWidth,top);
        ctx.lineTo(left,top-arrowHeight);
        ctx.lineTo(left-arrowWidth,top);
```

```
    }else{
        ctx.lineTo(left,top-arrowWidth);
        ctx.lineTo(left+arrowHeight,top);
        ctx.lineTo(left,top+arrowWidth);
    }
    ctx.fillStyle = "#666";
    ctx.fill();
}
```

在 canvas 中绘制柱状图首先要在合适的位置绘制 X 轴和 Y 轴的直线，并通过给定的数据决定各自的刻度信息，然后再绘制 X 轴和 Y 轴的箭头，最后根据数据绘制矩形，再根据需要填充不同的颜色即可。

本章总结

- 渐变分为两种：线性渐变和径向渐变。绘制线性渐变，需要使用 createLinearGradient 方法实现。径向渐变是指沿着圆形的半径方向向外进行扩散的渐变方式。可使用 createRadialGradient 方法创建径向渐变，在实现渐变的时候，至少需要创建一个色标（通过 addColorStop 方法）。
- 通过 globalCompositeOperation 可进行图形组合，进而改变图形的显示方式。
- canvas 也能实现阴影效果，甚至比 CSS3 还要更加细腻，如果要在 canvas 中创建阴影效果，需要用到 shadowOffsetX、shadowOffsetY、shadowBlur 和 shadowColor 方法。
- 使用 drawImage 方法以及该方法的重载实现将图片绘制到页面上。
- 在 HTML5 canvas 中，裁选区（clip region）可用于限制图像描绘的区域。只有裁选区内部才能被显示，其他部分被遮罩不能显示。
- createPattern()方法和 CSS 中的 background-repeat 非常相似，用于设置背景重复。
- canvas 绘制文本实际上是把文本当作图形进行处理，使用 fillText()方法可在画布上绘制填色的文本。

本章作业

1. 根据你的理解请说一下 canvas 的 save 方法和 restore 方法的作用。
2. 请结合本章所学内容绘制立体感文字，效果如图 8.29 所示。

图 8.29　立体感文字

通过设置字体的大小、透明度来实现立体层次感。部分代码如下：

```
cxt.fillStyle = "#0f0";
cxt.font = "bold 90px Arial";
cxt.fillText("立", 190, 90);
cxt.globalAlpha = 0.7;
cxt.font = "bold 70px Arial";
cxt.fillText("体", 260, 90);
cxt.globalAlpha = 0.6;
cxt.font = "bold 50px Arial";
cxt.fillText("感", 310, 90);
cxt.globalAlpha = 0.5;
```

其中 globalAlpha 属性用来设置透明度。其值为 0 到 1，当 globalAlpha 为 0 时完全透明，当 globalAlpha 为 1 时，完全不透明。

3．请结合本章内容绘制如图 8.30 所示的页面效果。

图 8.30　旋转花瓣效果

4．请登录课工场，按要求完成预习作业。